BIBLIOTHÈQUE MORALE

DE

LA JEUNESSE

PUBLIÉE

AVEC APPROBATION

1er SÉRIE IN-8o

LA

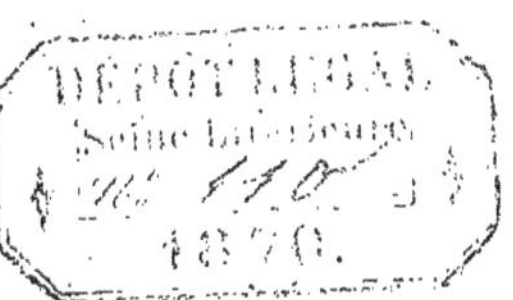

VAPEUR

PAR

VICTOR DELCROIX.

ROUEN
MÉGARD ET Cie, IMPRIMEURS-LIBRAIRES
1870

APPROBATION.

Les Ouvrages composant la **Bibliothèque morale de la Jeunesse** ont été revus et **ADMIS** par un Comité d'Ecclésiastiques nommé par SON ÉMINENCE MONSEIGNEUR LE CARDINAL-ARCHEVÊQUE DE ROUEN.

Avis des Éditeurs.

Les Éditeurs de la **Bibliothèque morale de la Jeunesse** ont pris tout à fait au sérieux le titre qu'ils ont choisi pour le donner à cette collection de bons livres. Ils regardent comme une obligation rigoureuse de ne rien négliger pour le justifier dans toute sa signification et toute son étendue.

Aucun livre ne sortira de leurs presses, pour entrer dans cette collection, qu'il n'ait été au préalable lu et examiné attentivement, non-seulement par les Éditeurs, mais encore par les personnes les plus compétentes et les plus éclairées. Pour cet examen, ils auront recours particulièrement à des Ecclésiastiques. C'est à eux, avant tout, qu'est confié le salut de l'Enfance, et, plus que qui que ce soit, ils sont capables de découvrir ce qui, le moins du monde, pourrait offrir quelque danger dans les publications destinées spécialement à la Jeunesse chrétienne.

Aussi tous les Ouvrages composant la **Bibliothèque morale de la Jeunesse** sont-ils revus et approuvés par un Comité d'Ecclésiastiques nommé à cet effet par SON ÉMINENCE MONSEIGNEUR LE CARDINAL-ARCHEVÊQUE DE ROUEN. C'est assez dire que les écoles et les familles chrétiennes trouveront dans notre collection toutes les garanties désirables, et que nous ferons tout pour justifier et accroître la confiance dont elle est déjà l'objet.

INTRODUCTION.

—

Il y a trente ou quarante ans, le livre que nous offrons à nos jeunes amis n'aurait trouvé place que dans un petit nombre de bibliothèques; mais nous croyons qu'aujourd'hui il n'est permis à personne d'ignorer ce que c'est que la vapeur; car, selon l'expression d'un savant auteur, nous vivons pour ainsi dire en elle, et nous nous mouvons par elle.

La vapeur est l'âme de l'industrie moderne. Dans la plupart des ateliers, on la voit fonctionner sans relâche, se substituant aux moteurs longtemps employés, remplaçant une multitude de bras, et, par cette infatigable activité, mettant à la portée du plus grand nombre l'usage d'une foule d'objets qu'elle produit plus vite et à plus bas prix.

L'eau et le vent faisaient seuls autrefois tourner les roues des moulins; quand le vent et l'eau manquaient, il ne suffisait pas d'avoir du blé pour être sûr d'avoir du pain; mais la vapeur remédie à l'insuffisance de ces agents, moins coûteux qu'elle, il est vrai, mais moins puissants et moins réguliers. Elle pétrit, au besoin, la farine qu'elle obtient; elle écrase les graines qui donnent l'huile et les racines qui fournissent le sucre; elle fait la plus grande partie du travail dans les raffineries, les distilleries, les confiseries, les brasseries, les fabriques de chocolat, de bougie, de pâtes alimentaires, etc.

La vapeur fait mouvoir les scies destinées à découper les arbres qui entrent dans la construction de nos maisons; elle divise et polit les marbres; elle permet de partager en lames très-minces les bois rares et précieux qui servent à recouvrir nos meubles; elle soulève le lourd marteau qui façonne les pièces de fonte si souvent employées dans la charpente, fait jouer les laminoirs entre lesquels le fer s'amincit, et le découpe avec autant de facilité que nous découperions une feuille de papier.

Elle met en mouvement les divers métiers grâce auxquels le lin, le chanvre, le coton, la laine s'étirent en fils longs et souples, et se transforment en tissus plus ou moins fins, qui servent à nous vêtir et ornent nos appartements. La vapeur n'aide pas moins à la production d'une foule d'objets de luxe ou de simple utilité, dont nous nous servons tous les jours, qu'à celle des toiles, des batistes, des mousselines, des draps, des velours, des tapis, des étoffes de toutes sortes.

Ce n'est pas encore assez : elle contribue au développement de notre intelligence autant qu'à notre bien-être matériel. Elle met en pièces de hideux chiffons jetés au rebut, elle en fait une pâte qu'elle roule entre des cylindres, qu'elle découpe en feuilles d'une blancheur éclatante et qu'elle livre au commerce sous le nom de papier. Et quand elle en a fabriqué des masses, c'est elle encore qui se charge d'imprimer avec une merveilleuse rapidité les journaux qui alimentent la curiosité publique, et cette multitude de livres dont les uns transmettent d'âge en âge les découvertes de la science ou les leçons de la vertu, mais dont les autres, par malheur, répandent de funestes principes et de pernicieux conseils.

Sans livres et sans papier, comment pourrait-on s'instruire? Vous me direz qu'il y a des imprimeries dans lesquelles la vapeur n'a pas encore remplacé les presses à bras, et qu'on fabrique à la main du papier qui ne manque ni de blancheur ni de solidité. Cela est vrai; mais si ces anciennes méthodes étaient seules employées, le papier et les livres seraient plus rares et coûteraient plus cher. Il en est de même des autres produits obtenus par la vapeur : nos bonnes villageoises filent encore, à la veillée, le chanvre ou le lin qu'elles ont semé, recueilli et préparé de leurs mains; elles donnent le fil au tisserand, et la toile qu'on leur rend vaut bien celle qu'on trouve chez les marchands; mais elles la gardent pour l'usage de la famille; et s'il n'existait pas d'autre moyen de fabrication, le linge serait d'un prix si élevé, qu'il faudrait être riche pour s'en procurer.

La vapeur est la force productrice par excellence; elle a opéré dans l'industrie une très-grande révolution, qu'elle a complétée en créant des relations nouvelles entre les peuples par l'établissement des chemins de fer et de la navigation à la vapeur.

Il n'y a peut-être pas un de nos lecteurs qui, en voyant passer une longue file de wagons entraînés par la locomotive fumante, ne se soit étonné de la puissance de la vapeur et ne se soit demandé comment un peu d'eau bouillante pouvait accomplir de si prodigieux effets, à moins que, trop jeune encore pour savoir que c'est à l'eau bouillante renfermée dans la chaudière que la locomotive doit le mouvement, il ne l'ait regardée comme un de ces monstres fantastiques, de ces dragons vomissant la fumée et la flamme, qu'il a vus figurer dans les contes de fée ou dans les récits d'une nourrice trop crédule.

Toutefois cette idée ne peut occuper longtemps l'esprit d'un enfant, si naïf qu'on le suppose; les chemins de fer sillonnent la plupart de nos provinces, et la locomotive est un personnage dont la physionomie bien connue n'excite plus guère la curiosité des ignorants; mais les spectateurs qui réfléchissent, et ceux qui savent assez pour désirer de savoir davantage, nous sauront gré de leur expliquer, aussi simplement que nous le pourrons, en quoi consiste la puissance de la vapeur, et par quelle longue suite de recherches et de travaux la science est parvenue à l'utiliser.

LA VAPEUR.

I.

Essais sur la puissance de la vapeur. — Denis Papin.

Si l'on soumet à l'ébullition l'eau contenue dans un vase découvert, au bout d'un temps dont la durée est proportionnée à la quantité de l'eau et à l'activité du feu, le vase reste à sec. C'est une expérience facile à faire, si facile, que toutes les ménagères l'ont faite sans le vouloir.

Qu'est donc devenu le liquide ? Il s'est répandu dans l'air sous la forme d'un fluide insaisissable. Si l'eau a bouilli sous la cheminée, ce fluide n'a laissé aucunes traces ; mais si l'on a placé le vase sur un fourneau, dans une cuisine fermée, les vitres, les murs, les ustensiles qu'elle contient, auront été couverts d'une rosée assez semblable à celle qu'on voit sur les plantes, le matin d'un jour d'été.

Tout le monde a pu, de tout temps, remarquer cela ; les anciens savaient donc aussi bien que nous que la chaleur vaporise l'eau. Le soleil d'ailleurs ne fait pas autre chose quand il enlève aux cours d'eau et à la mer les vapeurs qui doivent retomber en pluie bienfaisante sur la terre altérée.

Tant que l'eau se vaporise à l'air libre, le fluide qui s'en échappe est sans force ; mais si le vase qui la contient est couvert et soumis à l'action d'un bon feu, le couvercle se soulève de lui-même par intervalles, pour donner passage à la vapeur. Que ce vase soit assez exactement fermé pour que la vapeur ne puisse trouver une issue, et qu'on entretienne le feu de manière à ce qu'une grande quantité de fluide se développe, le vase éclatera, quelque solide qu'il soit; ses fragments viendront frapper l'imprudent qui aura tenté l'expérience, et l'eau bouillante sera violemment lancée de tous côtés.

Cette explosion a lieu parce que la vapeur d'eau enfermée dans le vase en presse très-fortement les parois et finit par les briser, quand l'espace lui manque pour se développer. Si, au lieu de fermer hermétiquement le vase, on y adapte un robinet par lequel la vapeur puisse, au besoin, trouver une issue, chaque fois qu'on ouvrira ce robinet, elle s'échappera en sifflant, et sera douée d'assez de force pour soulever un poids proportionné à sa grosseur.

La vapeur est donc une puissance. Mais pour que l'homme parvînt à s'assujettir cette puissance, il fallait que la science eût fait de grandes découvertes, entre autres celle de la pesanteur de l'air; car la première machine à vapeur n'a été qu'une application de ce principe : « L'air exerce une pression sur tous les corps placés à la surface du globe. »

Ce ne fut que vers le milieu du XVIIe siècle que deux savants illustres, Torricelli, en Italie, et Pascal, en France, déclarèrent, après des expériences concluantes, que l'air est un corps doué de pesanteur, et que si chaque molécule de cet air n'a qu'un poids insignifiant, leur réunion forme une masse dont la pression est égale à celle qu'exercerait une colonne d'eau d'une hauteur de dix mètres trente-trois centimètres.

Les anciens admettaient vaguement le principe de la pesanteur de l'air; mais ils ne songeaient pas à en tirer d'utiles applications, ni même à expliquer les phénomènes qui n'en étaient que le résultat.

Si, par exemple, vous plongez un tuyau de paille dans un liquide quelconque et que vous aspiriez l'air que ce tube contient, comme font, dans les pays vignobles, les enfants qui goûtent le vin doux au pressoir, le liquide monte dans le tuyau et arrive sans peine à vos lèvres. Si vous introduisez un tâte-vin par la bonde d'un tonneau, l'instrument se remplit, sans même que vous en retiriez l'air avec la bouche : il suffit d'un mouvement deux ou trois fois répété de votre doigt sur le petit trou ménagé à la partie supérieure du tâte-vin. Si vous mettez en mouvement le piston d'une pompe, l'eau monte dans le tuyau et sort par le conduit ménagé pour la déverser.

Il est certain que, dans ces trois cas, c'est la même cause qui agit. Mais quelle est cette cause ? Pourquoi le liquide monte-t-il dans le brin de paille, dans le tâte-vin, dans le tuyau de la pompe, quand l'air en a été retiré ? C'est que l'air, étant un corps doué de pesanteur, exerce sur ce liquide une pression qui cesse dès qu'on a aspiré l'air au moyen des lèvres, du doigt ou du piston.

On expliquait autrefois ce fait en disant que la nature a horreur du vide, et que le vide se faisant à l'intérieur d'un tube ouvert aux deux bouts et plongeant dans l'eau par sa base, cette eau montait aussitôt pour combler ce vide, que la nature ne pouvait supporter. Toutefois, on avait remarqué une chose bien étrange, et qui pouvait faire supposer que la bonne mère Nature a ses caprices, comme les enfants gâtés. Quand on voulait élever au delà d'une certaine limite les eaux d'un puits ou d'une rivière, le jeu des pompes devenait insuffisant. Cette limite était de trente-deux pieds, avant l'invention du système métrique ; elle est aujourd'hui de dix mètres trente-trois centimètres, ce qui revient absolument au même, et proteste énergiquement contre la calomnie que nous nous permettions tout à l'heure sur le compte de dame Nature.

Les fontainiers du bon vieux temps savaient cela, comme nous le savons ; seulement nous avons sur eux l'avantage d'en connaître la cause, dont ils ne se mettaient guère en peine, attendu que si quelqu'un était obligé de l'expliquer, c'était l'affaire des savants et non la leur. Quant aux savants, leur attention n'était pas tournée de ce côté-là. Mais une circonstance imprévue vint les engager à s'en occuper.

Un jour, le duc de Florence, ayant eu l'idée de faire amener dans son palais les eaux de l'Arno, fit venir les ouvriers les plus habiles, et les chargea des travaux nécessaires, en leur promettant une bonne récompense si ces travaux étaient bien conduits et promptement achevés. Jaloux de contenter un si magnifique seigneur, ces braves gens firent de leur mieux ; mais quand la pompe fut posée, on la fit jouer en vain : l'eau n'arriva pas jusqu'à la bouche d'où elle devait jaillir. Grande déception pour les fontainiers, déception non moins grande pour le duc. Eux du moins se doutèrent de la raison à laquelle ils devaient attribuer le peu de succès de leurs efforts; ils finirent par où ils auraient dû commencer, ce qui nous arrive souvent à tous, tant que nous sommes; ils mesurèrent la hauteur qu'ils avaient été obligés de donner à leurs tuyaux, et ils reparurent devant le prince avec la fière contenance de gens qui n'ont rien à se reprocher.

— Les travaux ont été bien faits, monseigneur, lui dirent-ils; nous défions qui que ce soit de réussir mieux que nous; car personne n'a jamais pu ni ne pourra sans doute jamais élever les eaux au delà de trente-deux pieds.

— Pourquoi donc? demanda le duc.

— Nous n'en savons rien; mais le fait est prouvé, et rien ne sera plus facile à Votre Altesse que de s'en assurer.

Il y avait alors, dans une petite campagne voisine de Florence, un vénérable vieillard qui s'était distingué par des travaux immortels, et qui, privé de la vue, courbé sous le poids des ans et des chagrins, continuait à travailler encore. Il se nommait Galilée, un des plus rares génies qui aient paru sur la terre.

A peine âgé de dix-huit ans, Galilée avait fait, en allant prier dans la cathédrale de Pise, l'importante découverte du pendule. La lampe du chœur ayant été mise en mouvement, il remarqua qu'elle continuait à se balancer longtemps avec une parfaite régularité; il en conclut qu'une tige librement suspendue et terminée à sa partie inférieure par un objet d'un certain poids, pourrait servir à régler le mouvement des horloges.

Plus tard il inventa la lunette dont se servent encore les astronomes, et, à l'aide de cet instrument, il étudia les merveilles du ciel, mieux qu'on n'avait pu le faire jusque-là. Il reconnut la vérité du système de Copernic et combattit une erreur accréditée de son temps, en soutenant que c'est la terre qui tourne autour du soleil, et non pas le soleil et tous les autres astres qui tournent autour de la terre, pour nous donner le jour et la nuit.

Sa persistance à faire triompher cette opinion, et le tort qu'il eut de vouloir l'appuyer sur le témoignage des livres saints, lui suscitèrent des ennemis, qui le firent condamner à une détention perpétuelle. Mais son noble caractère, sa haute réputation, le souvenir de ses grands travaux ne permirent pas qu'une sentence si rigoureuse fût exécutée. On lui donna pour prison, d'abord le palais de l'archevêque de Sienne, son ami, puis une maison de campagne située aux portes de Florence, et l'entrée de cette ville lui fut accordée.

Le duc connaissait et aimait Galilée ; il le manda au palais, lui fit part de l'excuse alléguée par les fontainiers, et le pria d'en dire son avis. L'illustre savant répondit qu'en effet on n'avait pas encore trouvé le moyen d'élever une colonne d'eau à une hauteur de plus de trente-deux pieds. Le duc ne douta plus de la vérité du fait ; mais il en voulut connaître la raison. Galilée répondit, avec un peu d'embarras, que l'explication qu'on en donnait ne pouvait satisfaire les esprits sérieux, puisque, si la nature avait horreur du vide, il était difficile d'admettre que cette horreur cessât à trente-deux pieds plutôt qu'à vingt. Il pria le duc de lui accorder du temps pour résoudre la question, et il se mit à l'étudier en compagnie d'un jeune Romain, nommé Torricelli, qui était un de ses meilleurs élèves.

Mais Galilée était vieux, et quelques mois seulement après sa visite au prince, il fut pris d'une fièvre lente qui l'obligea de renoncer à ses recherches et qui ne le quitta plus.

Après sa mort, arrivée en 1642, Torricelli, par respect pour la mémoire du maître, continua de chercher la solution de ce problème et finit par la trouver. Il jugea que la pression de l'air était la seule puissance qui pût forcer l'eau à monter dans le tuyau d'une pompe, quand le vide y avait été opéré par le mouvement du piston. Mais il ne voulut pas énoncer cette opinion avant de la changer en certitude.

Il se dit que si l'eau montait à trente-deux pieds par l'effet de la pression de l'air, un liquide plus lourd que l'eau, soumis à la même pression, monterait moins haut, et que si ses suppositions étaient justes, le mercure, qui est quatorze fois plus lourd que l'eau, s'élèverait à une hauteur quatorze fois moindre, c'est-à-dire à vingt-huit pouces.

Il en fit l'expérience à l'aide d'un tube de verre,

dans lequel le mercure monta précisément à la hauteur indiquée par ses calculs. Il publia sa découverte, qui fut diversement accueillie par les savants, et qui ne fut généralement admise qu'après d'autres essais faits à Rouen, à Clermont-Ferrand et à Paris, par Blaise Pascal.

Pascal se servit du tube de Torricelli, et il eut la joie de reconnaître que plus la masse d'air qui pesait sur le mercure était grande, plus le mercure s'élevait. Ainsi, sur le sommet du Puy de Dôme, le métal liquide resta de trois pouces au-dessous du point où il était arrivé au bas de la montagne.

Le tube de Torricelli sert encore aujourd'hui et n'a subi que de légères modifications : c'est le baromètre, que tous nos lecteurs connaissent, et que beaucoup d'entre eux sans doute ont consulté à la veille d'une partie de plaisir. Qu'ils me permettent de leur dire que si le baromètre annonce quel temps il fera, on ne doit jamais s'y fier complétement, et que c'est là le moindre des services qu'il est appelé à rendre. Son principal usage est d'indiquer la pesanteur de l'air, et il l'indique avec une justesse qu'on utilise pour déterminer la hauteur des montagnes, ou celle à laquelle parviennent les ballons.

Nos jeunes lecteurs pensent, sans doute, que nous voici bien loin de la vapeur, dont nous avons entrepris de leur faire l'histoire. Ils se trompent; car la connaissance de la pesanteur de l'air rendit possible l'invention de la machine à vapeur. En proclamant cette loi, Torricelli rendit donc un grand service à la science.

Peu de temps après, un physicien allemand, Otto de Guéricke, inventa un instrument auquel il donna le nom de machine pneumatique, et à l'aide duquel il pouvait faire le vide, c'est-à-dire enlever l'air contenu dans un tube ou dans un vase disposé à cet effet. Il put se rendre compte du poids exact de l'air, qui est d'un gramme trois décigrammes par litre, chiffre tout à fait insignifiant, si l'air qui enveloppe notre terre n'avait que quelques mètres de hauteur; mais comme il a soixante kilomètres, la pression qu'il exerce sur les corps placés à la surface du sol est très-considérable.

Dès que cette force fut reconnue, les savants songèrent à l'utiliser, et il y avait en France, à cette époque, un grand nombre de savants; car Louis XIV y régnait, et il avait pour ministre Colbert, qui se plaisait à encourager les hommes de talent.

Le roi ayant résolu de conduire les eaux de la Seine dans les bassins du parc de Versailles, tous ceux qui s'occupaient de science en cherchèrent les moyens. L'abbé Jean de Hautefeuille imagina un tube plongeant dans l'eau et s'adaptant à une caisse dans laquelle on faisait le vide en y brûlant de la poudre à canon. Cet appareil très-imparfait fut abandonné; mais un étranger, nommé Huyghens, que Colbert avait attiré à Paris, reprit l'idée de l'abbé de Hautefeuille.

Huyghens s'était rendu célèbre par l'invention des horloges portatives appelées pendules, parce qu'il y avait appliqué le pendule découvert par

Galilée. Invité comme les autres savants à chercher une machine au moyen de laquelle la pression de l'air pût servir de force motrice, il fit construire un cylindre à l'intérieur duquel glissait un piston bien ajusté. En brûlant une petite quantité de poudre à la partie inférieure du cylindre, on en chassait l'air, qui s'échappait par une soupape, et le piston descendait sous l'effort de l'air extérieur, auquel l'air intérieur ne faisait plus contre-poids. A ce piston était attachée une corde qui s'enroulait autour d'une poulie, et qui faisait monter un poids à mesure que le piston descendait.

Cette machine pouvait fonctionner; mais, outre que l'emploi de la poudre à canon était dangereux, il ne produisait qu'un vide incomplet, qui rendait le jeu du piston lent et difficile.

Huyghens avait pour élève un jeune médecin de Blois, venu à Paris dans l'espoir de s'y faire une clientèle, mais qui, cédant à une vocation irrésistible, avait abandonné la médecine pour l'étude de la physique et de la mécanique. Présenté à la femme du grand ministre Colbert, ce jeune homme, qui se nommait Denis Papin, l'avait assez intéressée pour qu'elle le recommandât à Huyghens, et, sur cette puissante recommandation, le célèbre Hollandais avait associé le docteur à ses travaux.

Denis s'y livrait avec une ardeur passionnée. A peine âgé de trente ans, il publia un traité sur les différentes machines servant à faire le vide; mais, bientôt entraîné par le désir de voir du nouveau, il quitta Huyghens et passa en Angleterre. Il y trouva un second protecteur. Bientôt son humeur vagabonde l'entraîna à Venise, d'où il revint à Londres, après avoir éprouvé de grandes déceptions. Ses anciens amis ne l'ayant pas reçu comme il s'y attendait, il songea à rentrer en France. Mais en 1685 eut lieu la révocation de l'édit de Nantes, qui obligeait les protestants à abjurer ou à sortir du royaume. Papin, qui appartenait à la religion réformée, prit ce dernier parti; mais ne pouvant se résoudre à végéter longtemps en Angleterre, il passa en Allemagne. Là, il se remit à chercher sérieusement par quelle force on pourrait remplacer la poudre à canon dont Huyghens s'était servi pour faire le vide dans son appareil.

En 1690, il écrivit ces lignes, qui lui assurent l'immortel honneur d'avoir inventé la machine à vapeur :

« Comme l'eau a la propriété, étant, par le feu, changée en vapeur, de faire ressort comme l'air et ensuite de se recondenser si bien par le froid, qu'il ne lui reste plus aucune apparence de cette force de ressort, j'ai cru qu'il ne serait pas difficile de faire des machines dans lesquelles, par le moyen d'une chaleur médiocre, et à peu de frais, l'eau ferait ce vide parfait qu'on a inutilement cherché à faire par la poudre à canon. »

Denis Papin, tout en conservant le cylindre et le piston dont Huyghens s'était servi, remplaçait la poudre par de la vapeur d'eau qu'il faisait arriver sous le piston, où elle faisait ressort pour le chasser en haut du cylindre. Pour que le piston redescendît ensuite, il suffisait de refroidir le cylindre, dans lequel la vapeur se condensait, c'est-à-dire, reprenait sa forme liquide, et produisait le vide. L'air extérieur agissant alors sur le piston, que la vapeur ne soutenait plus, le faisait retomber; l'introduction d'un nouveau jet de vapeur le reportait en haut du cylindre, d'où la pression atmosphérique le renvoyait, dès que la condensation de la vapeur avait fait le vide au-dessous de ce piston.

Ainsi, un cylindre à l'intérieur duquel un piston se meut facilement de haut en bas, une chaudière dans laquelle de l'eau en ébullition produit de la vapeur qu'on introduit dans ce cylindre au-dessous du piston qu'elle fait monter et descendre alternativement, voilà toute la machine à vapeur.

Il ne faut pas croire cependant que cette machine si simple soit arrivée en peu de temps à sa perfection. Comme la plupart des choses qui doivent avoir de grands résultats, elle s'est améliorée lentement, et ces améliorations successives ont été la conséquence des progrès de la science.

Cela n'empêche pas Denis Papin d'en être le

véritable inventeur, puisque c'est lui qui indiqua le premier le parti qu'on pouvait tirer de la force élastique de la vapeur d'eau.

C'est à tort qu'on a voulu attribuer cette gloire à l'architecte normand Salomon de Caus, parce que, dans un ouvrage dédié à Louis XIII, il disait qu'on pourrait, à l'aide de la vapeur d'eau, faire marcher les voitures et les vaisseaux.

Les Anglais veulent que l'honneur d'une si grande invention appartienne à Edward Somerset, marquis de Worcester, qui prétendait avoir trouvé un secret admirable pour élever l'eau à l'aide d'une puissance sans bornes. Mais rien n'est plus facile que de se vanter d'avoir découvert un secret admirable dont on ne fait part à personne.

Les Anglais ont tort de disputer à Denis Papin la première idée raisonnable de l'application de la vapeur; car, s'il mérite d'être considéré comme l'inventeur de la machine appelée alors machine à feu, nul ne conteste à leur compatriote James Watt la gloire de l'avoir transformée et d'en avoir fait le moteur universel de l'industrie.

II.

Premières machines à vapeur. — Savery. — Newcomen. — James Watt.

James Watt ne vint pas immédiatement après Denis Papin. Entre ces deux grands hommes, il est juste de citer Savery, Newcomen et Cawley, trois ouvriers restés célèbres par des essais, plus ou moins heureux, sur l'emploi de la vapeur d'eau comme force motrice.

Papin, ayant vu sa découverte froidement accueillie, ne chercha point à la perfectionner pour en tirer parti. On suppose même que, comme la plupart des hommes doués d'un esprit inventif, il ne se rendait pas bien compte des services que pouvait rendre cette machine.

Savery, qui avait commencé par être ouvrier mineur, et qui, grâce à ses persévérants efforts, était devenu ingénieur, entendit parler de la machine à feu du docteur français, et résolut de se servir de la vapeur d'eau pour épuiser promptement l'eau qui, trop souvent, faisait irruption dans les houillères; mais, peut-être pour ne pas faire comme Papin, il abandonna le cylindre et le piston, et les remplaça par un système beaucoup moins ingénieux.

Dans cet appareil, la vapeur, en ouvrant des soupapes que le poids de l'air refermait, faisait monter l'eau dans des tubes qui la rejetaient au dehors. Pour que la pression de l'air refermât les soupapes, il fallait opérer le vide en condensant la vapeur, et Savery obtenait cette condensation en faisant arriver un jet d'eau froide sur le récipient de la vapeur, dont les parois très-minces donnaient souvent lieu à des explosions.

Deux autres ouvriers, Newcomen et Cawley, éprouvèrent, en voyant fonctionner cette machine, le désir de savoir en quoi celle de Papin pouvait en différer. Newcomen avait conservé des relations avec un savant professeur né dans le même village que lui. Il alla le voir avec son ami Cawley, et le pria de leur donner quelques détails sur la machine à feu du docteur français.

Le professeur y consentit, et montra même aux deux ouvriers un dessin de cet appareil, auquel il préférait, disait-il, celui de son compatriote Savery.

Newcomen ne fut pas de cet avis : il trouva que le cylindre et le piston valaient mieux que les tubes et les soupapes de Savery, mais que l'idée de faire arriver un jet d'eau froide sur le récipient, pour opérer le vide en condensant la vapeur, rendait sa machine plus propre que celle de Papin à un travail régulier.

Cawley pensant absolument comme lui, ils construisirent une machine qui n'était autre que celle de Papin; mais ils y ajoutèrent un robinet chargé de condenser la vapeur en versant de l'eau froide sur le cylindre; et comme ils avaient emprunté ce moyen à Savery, ils le mirent en tiers dans leur entreprise.

La nouvelle machine commença de fonctionner dans les mines en 1713. Elle se composait, nous le répétons, d'une chaudière surmontée d'un cylindre, dans lequel le piston montait, chassé par la vapeur de l'eau bouillante qu'un robinet amenait dans le cylindre, et redescendait par la pression de l'air, aussitôt que la vapeur, condensée par le jet d'eau froide, laissait le cylindre vide.

Longtemps avant d'écrire le traité dont nous avons cité le passage le plus marquant, Papin avait construit un vulgaire appareil dans lequel les viandes devaient cuire en très-peu de temps, parce que la vapeur de l'eau bouillante y demeurait concentrée; et pour prévenir la rupture de cette marmite exactement fermée, il y avait adapté une soupape, qui se soulevait d'elle-même pour donner issue à la vapeur, lorsqu'elle en pressait trop fortement les parois.

Newcomen ajouta à sa chaudière cette soupape de sûreté, dont toutes nos machines à vapeur sont encore munies. Il y apporta bientôt un nouveau perfectionnement, en faisant arriver l'eau froide à l'intérieur du cylindre, au lieu de la verser dessus; ce qui lui permit de donner plus d'épaisseur à cette partie de la machine et de rendre ainsi les explosions moins fréquentes.

Cette machine reçut le nom de pompe à feu, parce qu'elle fut d'abord exclusivement employée à mettre en mouvement les pompes installées au fond des mines pour en épuiser les eaux. Elle communiquait avec ces pompes par une longue tringle, que le mouvement alternatif du piston faisait monter et descendre.

On obtenait à peu près douze coups de piston par minute, et, au lieu du grand nombre de bras qu'il eût fallu employer aux pompes, deux ouvriers, dont l'un entretenait le feu et l'autre était chargé du soin des robinets, suffisaient à tout ce travail.

Ouvrir et fermer le robinet destiné à l'introduction de la vapeur dans le cylindre, en faire autant pour celui qui y amenait l'eau froide, n'était point une tâche pénible; mais elle demandait beaucoup d'attention; car la moindre négligence pouvait amener des accidents. C'était d'ailleurs une occupation bien monotone; nos jeunes amis en conviendront sans peine, lorsqu'ils sauront que l'ouvrier à qui Newcomen l'avait confiée n'était guère plus âgé qu'eux, et que, comme eux, il aimait à rire, à babiller, à courir avec ses camarades.

L'amour de la liberté le rendit observateur, et, à force de songer aux moyens de la recouvrer, il finit par s'aviser de relier, à l'aide d'une ficelle, un des robinets au balancier que le piston mettait en jeu. Le premier essai ne réussit pas; mais en combinant mieux la hauteur du point d'attache et la longueur de la ficelle, il vit, avec un bonheur inexprimable, la machine agir plus régulièrement sur le robinet que lui-même n'aurait pu le faire. Chercher une autre ficelle, l'attacher au second robinet, ne pouvait offrir la moindre difficulté, et notre apprenti prit sa volée, persuadé qu'on ne s'apercevrait pas de son absence.

Il se trompait. On remarqua bientôt que la machine n'avait jamais si bien marché; on le chercha pour lui en faire compliment, mais on l'appela en vain de tous côtés; et ce fut seulement quelques heures plus tard que Newcomen put le remercier de l'amélioration qu'il avait apportée à la machine.

Au bout de cinq ans seulement, un mécanicien eut l'idée de remplacer les ficelles par des tringles de fer. Celles-ci, obéissant mieux au balancier, firent monter et descendre le piston trois ou quatre fois de plus par minute; ce qui, à la fin de la journée, représentait une somme de travail considérable.

On ignore si Denis Papin vivait encore lorsque Newcomen construisit sa pompe à feu; mais il ne réclama ni dans les bénéfices ni dans l'honneur de l'invention la part à laquelle il avait droit ; ce qui fait supposer que s'il n'était pas mort, il s'était laissé décourager par le mauvais succès de ses entreprises.

Quelques années avant que les deux intelligents artisans vissent pour la première fois leur machine installée dans les mines de Birmingham, Denis Papin, qui était alors professeur de mathématiques à l'université de Marbourg, dans la Hesse, fit construire un bateau, muni de roues, qu'une machine à vapeur de son invention mettait en mouvement.

Le bateau fut essayé en présence du landgrave, et Denis obtint la permission de retourner en Angleterre en s'embarquant sur la Fulde. Il arriva sans encombre jusqu'au Wéser ; mais les mariniers lui en refusèrent l'entrée, parce qu'il n'avait pas de quoi payer le droit qu'ils exigeaient ; et comme il se plaignait amèrement d'un tel procédé, les misérables eurent la cruauté de mettre en pièces le bateau sur lequel il fondait ses espérances.

Papin regagna Londres comme il put, et l'on croit qu'il y finit ses jours dans un état voisin de la misère. Ses grands travaux, ses belles inventions méritaient un autre sort; mais son humeur capricieuse et vagabonde l'empêcha de les perfectionner et d'en recueillir le fruit.

Newcomen et Cawley furent plus heureux : leur machine, dont Papin avait eu la première idée, fut, tout imparfaite qu'elle était, la seule employée en Angleterre pendant cinquante ans. Chaque mine de houille voulut avoir la sienne, et la ville de Londres en fit construire une très-puissante pour élever et distribuer dans ses divers quartiers les eaux de la Tamise.

Ce fut en 1736 que naquit à Greenock, en Ecosse, celui qui devait perfectionner la machine de Newcomen et la rendre applicable à toutes les industries. James Watt était un pauvre enfant si chétif, que les médecins prédirent à ses parents qu'ils ne l'élèveraient point, et leur conseillèrent de ne pas le fatiguer en lui imposant des études dont il ne profiterait jamais.

On le laissa donc grandir sans lui parler de la nécessité du travail; mais comme il y avait dans le voisinage de sa maison une école gratuite, il y voulut aller avec les autres, et l'on ne songea pas à l'en empêcher. Il y apprit à lire, à écrire, à compter; ses maîtres lui reconnurent de bonnes dispositions, un esprit réfléchi, un excellent caractère; mais ils ne devinèrent point quel glorieux avenir lui était réservé.

A seize ans, il était encore délicat; mais ses parents commençaient à espérer qu'il vivrait, malgré l'arrêt des docteurs; et comme ils n'étaient pas riches, ils l'engagèrent à choisir le métier qu'il voulait apprendre. Il eût bien voulu devenir ingénieur, comme son oncle et son grand-père; mais il n'avait pas assez d'instruction pour que cette ambition lui fût permise, et il demanda d'entrer en apprentissage chez un fabricant d'instruments de précision.

Il y resta quelques années, puis il quitta Greenock pour aller travailler à Londres, dans un atelier renommé. Arrivé le dernier, il eut la plus mauvaise place. On était au cœur de l'hiver, et la porte de l'atelier, souvent ouverte, lui envoyait un air humide et glacial. Un rhume lui survint et dura si longtemps, qu'on crut qu'il devenait poitrinaire, et qu'on lui ordonna d'aller respirer l'air natal, afin qu'il eût du moins la consolation de mourir au milieu de sa famille.

Le remède opéra mieux qu'on ne l'espérait. James se rétablit peu à peu et se remit au travail, tout en suivant les cours de Robert Black, professeur à l'université de Glascow. Le jeune homme, passionné pour les sciences, regrettait beaucoup de n'avoir reçu dans son enfance qu'une instruction insuffisante, et il s'efforçait d'y remédier en consacrant à l'étude tous les instants dont il pouvait disposer.

Robert Black ne tarda point à remarquer l'assiduité avec laquelle James suivait ses leçons ; il fut frappé de sa physionomie intelligente; l'ayant interrogé à diverses reprises, il lui reconnut de grandes dispositions, et lui voua l'intérêt le plus affectueux.

Décidé à se fixer à Glascow, Watt loua une petite boutique, dans laquelle il se mit à fabriquer des compas, des boussoles, des longues-vues, des baromètres, des thermomètres, etc. Ce dernier instrument, inventé en 1631 par le Hollandais Cornélius Drebbel, et perfectionné par Newton, puis par plusieurs autres savants, sert à mesurer les variations de la température. Il repose sur des lois physiques dont la connaissance devait profiter à James Watt.

Le jeune homme, partageant son temps entre le travail et l'étude, se trouvait très-heureux; mais ce bonheur ne fut pas de longue durée. Avant de s'établir à Glascow, il avait oublié ou négligé d'en demander l'autorisation à la corporation des arts et métiers de la ville. Quelques concurrents jaloux portèrent plainte, et la corporation, qui tenait à ses priviléges, fit signifier à James Watt l'ordre de fermer sa boutique.

En vain essaya-t-il de se soustraire à cet arrêt, en faisant toutes les soumissions exigées; en vain eut-il ensuite recours à la résistance; il allait être obligé de renoncer à son commerce ou de quitter la ville, lorsque Robert Black, confident de ses ennuis, résolut d'employer en sa faveur le crédit dont il jouissait. Les efforts du professeur échouèrent contre les rancunes de la corporation; mais Black ne se tint pas pour battu. Il parla à ses collègues du jeune mécanicien, se chargea de le leur présenter, et obtint qu'il fût attaché à l'Université, en qualité de constructeur d'appareils de physique. On lui donna un atelier dans les bâtiments de la savante compagnie, et il y reprit en paix ses études et ses travaux.

Une vive reconnaissance pour ses protecteurs, un vif désir de se rendre digne d'un si haut patronage, joints aux plus rares qualités du cœur et aux charmes d'un caractère doux, modeste, bienveillant, gagnèrent en peu de temps à James Watt l'affection de la docte société. Non-seulement Robert Black, mais aussi les autres professeurs, prenaient plaisir à s'entretenir avec lui, et ne pouvaient assez s'étonner des lumières que les réflexions du jeune ouvrier jetaient parfois sur les questions les plus épineuses.

Les élèves l'aimaient comme les professeurs. Ils venaient lui proposer les problèmes dont la solution les embarrassait ; ils le trouvaient toujours disposé à la chercher avec eux, et à leur laisser l'honneur de l'avoir trouvée. Il se lia surtout d'une étroite amitié avec l'un d'eux, nommé Robinson ; et cette amitié ne fit que grandir avec les années.

En 1760, Watt, qui venait d'être nommé ingénieur civil, reçut la visite du docteur Robinson.

– Que faites-vous en ce moment, mon cher James? lui demanda-t-il.

— On m'a demandé, répondit Watt, un travail sur les ports et les canaux. Mais pourquoi me faites-vous cette question, mon ami?

— Parce que, si vous n'étiez pas trop occupé, je vous prierais d'examiner un projet auquel je songe déjà depuis longtemps.

— Vous savez bien que je suis tout à vous; par malheur, mon savoir n'est pas à la hauteur de mon dévouement.

— Avant de vous connaître, mon cher Watt, je me croyais très-avancé en physique et en mécanique; mais, n'en déplaise à votre modestie, vous m'avez fait changer d'avis.

— L'amitié vous rend trop indulgent.

— Non, James; je ne fais que vous rendre la justice qui vous est due. Je dois même vous avouer que j'ai été très-mortifié quand j'ai commencé de voir combien vous m'étiez supérieur, et vous m'auriez inspiré de la jalousie s'il m'eût été possible de ne pas devenir votre ami.

— Confiez-moi donc votre projet, cher docteur, dit James, que ces éloges embarrassaient.

— Je voudrais pouvoir remplacer les chevaux des voitures par des machines à vapeur, et je crois que si vous vous en occupiez avec moi, nous pourrions y réussir.

— Je ne partage pas votre confiance, mon ami. Ce que vous rêvez se réalisera certainement un jour; mais quand?

— Voulez-vous me promettre d'étudier sérieusement la question?

— Je vous le promets.

— C'est tout ce que je demande. Personne n'est plus capable que vous de reconnaître si le projet a quelque chance de succès. Vous me direz ce que vous en penserez; et d'après votre avis, je renoncerai à mes plans ou j'essaierai de les réaliser.

— Votre confiance m'honore et me touche profondément. Je serais heureux de résoudre ce problème, et surtout de le résoudre avec vous; mais je crains que les machines dont nous pouvons disposer ne soient encore trop imparfaites.

James ignorait encore à cette époque que ce serait lui-même qui perfectionnerait la machine de

Newcomen, et qu'il la transformerait au point de passer pour en être le créateur.

Les circonstances les plus simples, les plus ordinaires, amènent souvent de grands résultats. Vers la fin de 1763, un des professeurs de l'Université envoya à Watt un modèle de la pompe à feu alors en usage dans les mines. Il voulait s'en servir pour ses démonstrations et ne pouvait parvenir à la faire marcher; il priait donc l'ingénieur d'examiner ce modèle et de remédier au défaut de construction qui le rendait inutile.

Watt démonta l'appareil, en étudia les pièces les unes après les autres, reconnut que le cylindre était trop gros pour la chaudière, et, l'ayant réduit à de plus justes proportions, il vit fonctionner la machine avec une grande régularité. Beaucoup d'autres à sa place auraient été satisfaits; mais dès que son attention se fixait sur un objet important, cet objet devenait pour lui un sujet de réflexions profondes et de recherches laborieuses. Il ne reculait devant aucun obstacle, devant aucune fatigue;

ainsi le docteur Robinson raconte que Watt apprit l'allemand pour lire un ouvrage de Leupold sur les machines.

Sans savoir encore comment on pourrait s'y prendre pour faire mieux que n'avait fait Newcomen, il établit par de minutieux calculs la production de la vapeur suivant les différents degrés de chaleur donnés à la chaudière, les effets de la pression de cette vapeur, la quantité strictement nécessaire au jeu du piston, et le rapport de cette quantité à celle du combustible employé.

Au double point de vue de l'économie et de la promptitude du travail, il existait dans la machine alors employée un très-grand défaut. Pour produire le vide au-dessous du piston, un jet d'eau froide y condensait la vapeur ; mais il refroidissait en même temps le cylindre ; et il fallait, pour chasser de nouveau le piston, produire une plus grande quantité de vapeur ; donc, c'était une perte de temps et de charbon, qui, en se répétant sans cesse, finissait par représenter des sommes considérables.

Il imagina d'abord d'introduire la vapeur dans un récipient distinct du cylindre, après qu'elle y avait produit son effet, et d'arroser ce récipient d'eau froide pour y opérer la condensation sans refroidir le cylindre.

Persuadé que cette idée était bonne, il ne pouvait cependant la mettre à exécution; car il manquait d'argent. Il ne voulait pas renoncer à une place qui lui procurait de quoi vivre et pourvoir aux besoins de ses parents, dont le commerce n'avait pas prospéré. Mais un mariage avantageux vint le tirer d'embarras, en lui permettant de renoncer à ses modestes appointements et d'entreprendre la construction d'une machine à condenseur isolé.

La supériorité de cette machine était incontestable : elle brûlait moitié moins de charbon et faisait presque le double de travail. Les savants l'admirèrent, et la réputation de Watt grandit promptement. Mais ce n'était encore là que le début des modifications qu'il devait introduire dans l'application de la vapeur comme force motrice.

Au lieu de se contenter, comme Newcomen, de faire soulever le piston en amenant la vapeur à la partie intérieure du cylindre, il la fit arriver au-dessus du piston, qu'elle forçait à retomber; puis, repassant au-dessous, elle laissait vide le haut du cylindre, et le piston remontait par l'effet du contre-poids qui y était attaché.

Cette belle invention fût peut-être restée improductive entre les mains de l'habile ingénieur, s'il n'eût trouvé, pour la faire valoir, un associé riche, intelligent et probe. Matthieu Boulton et Watt obtinrent pour la construction des machines perfectionnées un privilége de vingt-cinq ans, et bientôt les immenses ateliers qu'ils ouvrirent à Soho furent le rendez-vous d'une foule de savants et d'industriels.

De nombreuses machines en sortirent et furent installées dans les houillères pour servir, comme celles de Newcomen, à l'épuisement des eaux. Boulton et Watt rachetaient ces anciennes machines; ils en installaient gratuitement de nouvelles chez les industriels qui en faisaient la demande; ils se chargeaient même des réparations qu'elles nécessitaient; et pour tout salaire, ils n'exigeaient qu'un tiers de la somme économisée, chaque année, sur le combustible dévoré précédemment par les machines de Newcomen.

On ne pouvait être plus généreux, telle fut d'abord l'opinion publique; aussi l'activité déployée par les constructeurs ne suffisait pas aux demandes qu'on leur adressait de tous côtés. Enfin, un grand nombre de machines fonctionnèrent dans les mines, et rapportèrent aux deux associés des sommes énormes, qui prouvèrent bien l'habileté des calculs de Matthieu Boulton. Chacune de ces machines leur valait en moyenne 20,000 fr. par an; et quoique cette somme représentât seulement le tiers des économies réalisées par les propriétaires des houillères, ceux-ci se plaignirent bientôt des conditions qui leur étaient imposées.

Ils suscitèrent une foule de tracasseries et de procès à la maison Watt et Boulton, pour obtenir la résiliation de leurs marchés; ils allèrent jusqu'à contester à l'ingénieur la gloire d'avoir perfectionné la machine de Newcomen. Pendant plusieurs années, Watt ne fut occupé qu'à défendre ses droits; et ce fut seulement après qu'un arrêt de la cour suprême les eut consacrés sans retour, qu'il put continuer ses expériences.

Il inventa alors la machine à double effet, c'est-à-dire qu'en faisant arriver alternativement la vapeur au-dessus et au-dessous du piston, il n'eut plus besoin ni de la pression de l'air ni de l'action du contre-poids pour faire monter et descendre le piston, dont le jeu devint encore plus prompt et plus régulier.

Le nouvel appareil fut fort admiré; on ne croyait pas qu'il fût possible de mieux faire. Mais Watt ne s'en tint pas là; il y introduisit des améliorations successives qui en firent non-seulement une pompe à feu, mais une machine au moyen de laquelle la force motrice de la vapeur pouvait être employée dans la plupart des ateliers.

L'illustre ingénieur fut du petit nombre des grands hommes qui jouissent paisiblement du succès de leurs travaux. Entouré de l'estime et de la reconnaissance de ses concitoyens, il se retira des affaires en 1800, et laissa son fils renouveler avec le fils de Matthieu Boulton l'association que lui-même avait formée avec cet honorable industriel, et il eut la joie de voir les machines des nouveaux constructeurs se répandre dans toute l'Europe, malgré la jalouse influence des préjugés qui en avaient longtemps borné l'usage à la seule Angleterre.

Il vécut encore dix-neuf ans, sans que cette prospérité toujours croissante lui inspirât le moindre orgueil. Il resta modeste, bienveillant, affable pour tout le monde, comme au temps où il n'était qu'un simple ouvrier, et l'on doit dire, à sa louange, qu'il sut se faire aimer autant qu'admirer.

Watt, âgé de plus de quatre-vingts ans, voulut revoir l'Ecosse, sa patrie, la petite ville de

Greenock, la maison de son père, la boutique dans laquelle il avait débuté comme apprenti ; il voulut revoir Glascow, l'atelier que les professeurs de l'Université avaient mis à sa disposition, les modèles de machines qu'il avait entretenus et réparés, et près desquels les siens figuraient avec un incontestable avantage.

Il reçut partout un accueil enthousiaste ; mais la fatigue et les émotions de ce voyage exercèrent une fâcheuse influence sur sa santé ; il rentra souffrant au milieu de sa famille, et mourut, après avoir langui pendant quelques mois.

De grands honneurs furent rendus à sa mémoire ; Greenock et Glascow lui élevèrent des statues, et une souscription nationale, ouverte pour lui en ériger une autre dans l'abbaye de Westminster, réunit en quelques jours des milliers de signatures.

III.

Machines à haute pression. — Olivier Ewans. — Machines agricoles.

Tout en faisant de la pompe à feu de Newcomen une machine nouvelle, Watt n'avait pas trouvé celle qui pourrait servir à la traction des voitures, soit que le temps lui eût manqué pour la chercher, soit que le docteur Robinson eût renoncé complétement à des projets dont son ami James n'espérait rien de bon.

Le mécanicien Leupold, dont Watt avait lu l'ouvrage, après avoir appris tout exprès l'allemand, indiquait un moyen de simplifier les machines, en envoyant la vapeur se condenser dans l'air lorsqu'elle avait produit son effet. Watt ne jugea pas à propos d'essayer ce moyen ; mais de son vivant même, un charron de Philadelphie, qui n'avait pas lu les théories de Leupold, car il manquait d'instruction comme de fortune, devint l'inventeur des machines rêvées par le savant allemand.

Cet artisan se nommait Olivier Ewans. Il travaillait assidûment pour gagner son pain de chaque jour ; mais en travaillant, il réfléchissait ; et comme il avait entendu parler de la grande puissance de la vapeur d'eau, ses idées se tournaient souvent de ce côté. Toutefois, il avait l'esprit trop juste pour ne pas comprendre qu'un ignorant comme lui ne pouvait que songer en vain. Il fit donc, sur son médiocre salaire, des économies qu'il employa à se procurer des livres, avec lesquels il s'enferma, consacrant à l'étude toutes ses heures de loisir.

Quand on porte si loin le désir de s'instruire, on

est sûr de faire de rapides progrès. Bientôt Ewans, favorisé d'ailleurs par une merveilleuse aptitude pour les arts mécaniques, put former le plan d'une machine bien supérieure à celle de Newcomen, dont il avait lu l'exacte description. Il commençait à la construire, lorsqu'il apprit qu'un ingénieur anglais, James Watt, venait de remplacer cette machine encore toute primitive par un appareil aussi ingénieux que puissant.

On louait beaucoup l'invention du condenseur isolé, qui, en empêchant le refroidissement du cylindre, économisait le combustible en même temps qu'il accélérait le travail. Olivier reconnut les avantages de cette disposition ; mais il comprit que, dans certains cas, la question économique pouvait n'être que secondaire, et qu'une machine dont l'entretien serait plus dispendieux pourrait être préférée, si elle occupait moins d'espace et représentait un poids moins considérable.

Il continua ses recherches dans le but de simplifier la machine à feu, pour la rendre applicable aux transports par terre et par eau, et le fruit de ces recherches opiniâtres fut la machine à haute pression.

Ewans avait remarqué que la vapeur d'eau, déjà très-puissante lorsqu'elle commence à s'élever de la chaudière en ébullition, acquiert une force beaucoup plus grande lorsqu'elle est chauffée encore un certain temps avant de passer dans le cylindre. On désigne sous le nom de tension cette force élastique de la vapeur qui croît avec la température.

La machine de Newcomen avait été nommée machine atmosphérique, parce que le piston, élevé dans le cylindre par l'effort de la vapeur, y retombait par la pression de l'air, lorsque la condensation de la vapeur y avait fait le vide. La pression de l'air et la vapeur de l'eau portée à l'ébullition étaient deux forces se faisant équilibre, comme deux poids égaux dans les plateaux d'une balance.

Pour que l'eau entre en ébullition, il faut qu'elle

acquière une température de cent degrés ; la vapeur qu'elle produit alors a une tension égale à la pression de l'air ; les mécaniciens disent que cette tension est d'une atmosphère.

Mais si l'on continue de chauffer la vapeur, avant d'ouvrir le robinet qui doit lui donner entrée dans le cylindre, et qu'elle atteigne une température de cent cinquante degrés, au lieu de cent, elle possède une force cinq fois plus grande que celle de la pression de l'air, et l'on dit que cette force est de cinq atmosphères.

Dans la machine inventée par Olivier Ewans, la vapeur agit avec une force de deux atmosphères au moins, et cette force peut être portée à dix et même à douze atmosphères ; c'est pourquoi on lui donne le nom de machine à haute pression. Ce qui la distingue surtout de la machine de Watt, c'est qu'au lieu d'aller se condenser dans un récipient quelconque, la vapeur est rejetée dans l'air, lorsqu'elle a produit son effet au-dessus et au-dessous du piston.

En 1782, Olivier fit fonctionner des machines à haute pression dans plusieurs moulins, où elles furent appréciées comme elles le méritaient, et d'où elles se répandirent dans toutes les provinces des Etats-Unis. Le pauvre ouvrier charron put alors ouvrir un atelier de construction à Philadelphie et un autre à Pittsbourg.

Persuadé que ses appareils pouvaient servir aux transports par terre et par eau, il construisit un chariot sur lequel il installa une machine à haute pression, et il le fit circuler dans les rues de Philadelphie, où ce nouvel emploi de la vapeur excita plus de curiosité que d'admiration. C'était en 1804. Personne alors ne se douta du rôle que cette machine devait jouer bientôt sous le nom de locomotive, et Olivier dut se contenter d'avoir fourni à diverses industries un moteur d'une merveilleuse puissance.

Il jouissait en Amérique d'une réputation presque égale à celle de Watt en Angleterre ; mais son nom était resté inconnu en Europe, tandis que celui de l'ingénieur anglais était partout exalté. Plus jeune que Watt, Olivier pouvait espérer d'obtenir enfin justice; mais en 1819, un incendie dévora son usine de Pittsbourg, et le saisissement que lui fit éprouver la nouvelle de ce désastre le conduisit en quelques jours au tombeau. Il avait cinquante-quatre ans.

L'Angleterre repoussa pendant un certain temps les machines à haute pression, et l'Amérique, par un même sentiment d'amour-propre national, refusa d'adopter celles de Watt. Quoique se distinguant par des qualités différentes, elles avaient un égal mérite, puisqu'elles sont les unes et les autres encore employées aujourd'hui. La machine à condenseur est préférée par raison d'économie, quand on dispose d'une place suffisante pour qu'elle y puisse être installée et qu'elle doit fonctionner à poste fixe; mais quand l'espace manque, ou que la vapeur doit être appliquée à la traction des voitures, la machine à haute pression reprend l'avantage.

Il y a déjà plus de cinquante ans que James Watt et Olivier Ewans sont morts. De savants mécaniciens, d'habiles constructeurs ont réuni leurs efforts pour créer quelque nouvelle machine qui pût remplacer celles qu'ils nous ont léguées. Ces efforts n'ont point été perdus, puisque d'utiles améliorations ont été apportées au mécanisme de ces appareils; mais jusqu'à présent aucune invention essentielle n'est venue les transformer comme Watt a transformé la machine de Newcomen, ou les modifier comme Ewans a modifié celle de Watt.

Du vivant de ces deux grands hommes, un ingénieur anglais, Arthur Wolf, eut l'heureuse idée d'emprunter à l'un et à l'autre d'ingénieuses dispositions. Il construisit une machine à deux cylindres, dans laquelle la vapeur, après avoir agi à haute pression sur le piston du premier cylindre, passait dans le second, au lieu d'être amenée dans le condenseur ou rejetée dans l'air. Elle arrivait encore puissante sous un autre piston, dont l'action, ajoutée à celle du premier, donnait plus de rapidité au travail sans entraîner une plus grande dépense de combustible.

La machine de Wolf obtint la faveur qu'elle méritait, et elle est encore en usage dans un grand nombre d'usines, soit en Angleterre, soit dans les autres parties de l'Europe, où elle est connue sous le nom de machine à double cylindre.

Plusieurs autres genres d'appareils ont été essayés avec plus ou moins de succès. Les uns occupent un espace considérable et forment une masse colossale, les autres sont très-resserrés. Il y a des machines à cylindre vertical, d'autres à cylindre horizontal; des machines oscillantes, des machines rotatives; mais toutes peuvent se ranger en deux classes, dont la première, munie d'un condenseur, est encore la machine de Watt, et dont la seconde, privée de ce condenseur, a pour père Olivier Ewans.

Dans toutes se retrouvent, comme organes essentiels, la chaudière, le piston, et le cylindre dans lequel ce piston se meut de haut en bas et de bas en haut, sous l'effort de la vapeur.

La chaudière ou générateur est destinée, comme ce surnom l'indique, à produire la vapeur. On donnait d'abord aux chaudières à vapeur la forme des chaudières ordinaires; Watt les modifia de telle sorte, qu'elles ressemblaient à des cercueils et s'appelaient chaudières à tombeau.

On continua de les allonger, afin d'offrir à la flamme une plus grande surface de chauffe, et d'activer ainsi la production de la vapeur. Aujourd'hui les chaudières n'ont guère qu'un mètre de largeur sur cinq, six et même dix mètres de longueur.

Chaque chaudière se compose de deux bouilleurs, placés au-dessous de la chaudière principale, avec laquelle ils communiquent par deux gros tubes. Ces bouilleurs sont eux-mêmes de petites chaudières qui supportent de plus près l'action du feu, et sont plus tôt hors de service que la chaudière principale, dont ils prolongent la durée.

Les premières chaudières étaient en fonte; mais

la fonte est cassante et n'offre pas toute la sécurité désirable. Plusieurs accidents en ont fait abandonner l'usage, et il est expressément défendu de s'en servir sur les navires à vapeur et sur les chemins de fer. Le cuivre, beaucoup plus solide, a l'inconvénient de coûter trop cher, et l'on a été obligé de le remplacer par des plaques de tôle très-épaisses et solidement rivées les unes aux autres.

La tôle n'est autre chose que du fer étendu en plaques plus ou moins minces par le marteau et le laminoir. Le fer ne casse pas comme la fonte. On transforme la fonte en fer en la soumettant à un feu de forge très-ardent, qui lui enlève presque tout le charbon, le soufre et le phosphore qu'elle contient. La fonte ainsi chauffée entre en fusion et forme de petits grumeaux, qu'on réunit et qu'on soude entre eux en les plaçant sous un énorme marteau qui les frappe à coups redoublés.

Il est à remarquer toutefois que la plupart des explosions, si fréquentes autrefois, ne venaient pas du choix peu éclairé du métal de la chaudière, mais de ce que, par un jeu encore imparfait de la machine ou par la négligence du chauffeur, l'eau, venant à baisser dans le générateur, en laissait les parois desséchées en contact avec la flamme du foyer. Le peu d'eau qui restait au fond de la chaudière achevant de se vaporiser, ces parois, vivement pressées par la tension de la vapeur, se rompaient tout à coup, occasionnant quelquefois d'épouvantables accidents.

Denis Papin, en inventant, pour cuire en peu d'instants les viandes les plus dures, la marmite qui porte son nom, et dans laquelle il concentrait la vapeur, n'ignorait pas les dangers de cette concentration ; et pour les prévenir, il avait pourvu son appareil d'un bouchon métallique, auquel était adapté un petit levier portant un poids à l'extrémité opposée. Quand la vapeur exerçait une trop forte pression à l'intérieur du vase, elle soulevait le bouchon et s'échappait dans l'air jusqu'à ce que la quantité de vapeur retenue dans le vase ne fût plus assez forte pour lutter contre le poids destiné à faire retomber le bouchon.

Cette ingénieuse invention n'avait point été appliquée d'abord à la machine de Savery ; mais Newcomen eut soin d'en munir la sienne, et il n'existe pas une seule chaudière à vapeur qui soit privée de cet organe protecteur, qu'on appelle soupape de sûreté. La plupart même en ont deux au lieu d'une.

Les rondelles fusibles, autre appareil de sûreté, sont appliquées sur de petits trous ménagés à la partie supérieure de la chaudière. Elles sont formées d'un alliage métallique qui se ramollit et entre en fusion dès que la température de la vapeur s'élève assez pour qu'un accident soit à craindre. Ces rondelles préviennent la rupture du générateur ; mais elles ont le grave inconvénient de laisser à la vapeur une issue indéfinie, puisque les trous débouchés par leur fusion ne se referment point. On préfère donc, avec raison, la soupape de sûreté inventée par Denis Papin.

Les plus grandes précautions sont prises pour que la pompe qui fournit à la chaudière l'eau destinée à remplacer celle que la chaleur vaporise en amène toujours la quantité nécessaire; mais comme le jeu de cette pompe pourrait être interrompu ou gêné par quelque circonstance imprévue, un tube de verre, communiquant avec la chaudière, est placé en vue du mécanicien; et comme l'eau s'élève dans ce tube à la hauteur exacte qu'elle occupe dans la chaudière, il est facile de voir si elle se tient au niveau exigé pour que les parois du générateur, exposées à l'action de la flamme, ne soient jamais à sec.

Ce tube, placé au dehors contre le flanc de la chaudière, est un excellent indicateur; cependant la prudence ne permet pas de s'en contenter. Chaque chaudière possède un flotteur, qui se tient, ainsi que son nom l'indique, à la surface de l'eau. C'est un disque en bois ou en liége, attaché à l'extrémité d'une tige métallique très-mince, qui sort de la chaudière à sa partie supérieure et qui monte ou descend, selon le niveau de l'eau, le long d'une échelle divisée en centimètres et en millimètres, comme l'échelle du thermomètre est divisée en degrés.

Toutefois, ces ingénieuses précautions ne peuvent dispenser le mécanicien de veiller avec un soin continuel sur la machine confiée à ses soins; car il suffit d'une négligence ou d'un oubli pour amener une catastrophe. L'homme a dompté la vapeur; il se l'est asservie; mais sa docilité ressemble, selon l'expression d'un auteur contemporain, à la docilité du tigre ou du lion, dont le naturel féroce, se réveillant tout à coup, fait une victime de celui qu'il caressait naguère ou devant lequel il tremblait.

Sur les bâtiments à vapeur et sur les chemins de fer, on a multiplié les appareils de sûreté; aussi les catastrophes y deviennent de plus en plus rares. On ne signale pas souvent non plus la rupture des chaudières dans les ateliers où la vapeur fonctionne; s'il y a des accidents, ils sont souvent dus à l'imprudence de ceux qui s'approchent des courroies chargées de transmettre le mouvement aux divers métiers, ou qui se laissent prendre par leurs vêtements dans quelqu'un des nombreux engrenages au moyen desquels se transmet la force motrice de la vapeur. C'est une force brutale qu'on ne peut arrêter à volonté, et qui broie, qui déchire impitoyablement celui qu'elle a saisi.

Il en est ainsi de toutes choses en ce monde ; nos jeunes amis en feront un jour l'expérience : toute médaille a son revers ; les grands services que nous rend la vapeur ne peuvent s'acheter qu'au prix de grands inconvénients.

On appelle machines fixes celles qui sont employées dans les usines ; locomotives celles qui servent à la traction des voitures, et locomobiles celles qui, devant fonctionner en divers lieux, peuvent y être facilement transportées.

Ces dernières sont aussi désignées sous le nom de machines agricoles, parce qu'elles sont spécialement utilisées pour les travaux des champs.

Elles sont beaucoup moins compliquées que les autres, et se réduisent aux trois éléments essentiels de toute machine à vapeur : la chaudière, le cylindre et le piston. Le cylindre est placé horizontalement au-dessus de la chaudière, et le va-et-vient du piston fait tourner une roue avec laquelle il communique, au moyen d'une manivelle. Il suffit d'adapter une courroie à cette roue, qu'on appelle ordinairement volant, pour qu'elle transmette le mouvement à la charrue, à la pompe, à la batterie qu'on veut faire travailler.

Dans les pays où la pierre est abondante, on emploie la locomobile à forer des tuyaux de drainage, c'est-à-dire des tuyaux qui, placés sous le sol, servent à l'écoulement des eaux stagnantes. On s'en sert aussi pour creuser les trous des mines, au moyen d'un fleuret qu'elle fait mouvoir avec autant de force que de rapidité.

La locomobile est originaire des Etats-Unis, d'où elle a passé en Angleterre ; mais elle est encore peu employée en France, quoiqu'elle y ait reçu diverses améliorations.

Le travail qu'elle peut accomplir est forcément limité par le poids des machines. Puisqu'il faut qu'on la transporte dans les champs ou sur les autres points où son aide est nécessaire, on ne peut lui donner la même puissance qu'aux machines fixes. Elle fonctionne à haute pression, c'est-à-dire que, n'ayant pas de condenseur, elle rejette la vapeur dans l'air, dès que cette vapeur a produit son effet.

Elle est portée sur une ou deux paires de roues et munie d'un brancard auquel on attelle des chevaux ou des bœufs. Un tonneau plein d'eau se place à terre, et la machine y puise elle-même, par un tube plongeur, la quantité de liquide nécessaire à l'alimentation de la chaudière.

Cependant, quoi qu'on ait pu faire pour simplifier ces machines, elles sont encore d'un prix trop élevé pour que les petits propriétaires aient de l'avantage à s'en servir, à moins que plusieurs ne s'unissent pour en faire l'acquisition ; mais dans les grands établissements agricoles et dans les pays où la main-d'œuvre coûte fort cher, l'usage en est vivement apprécié.

Jusqu'à présent la vapeur a été le moteur par excellence. Nous disons jusqu'à présent, parce que, si les essais qu'on a faits pour essayer de la remplacer sont demeurés infructueux, ils ne le seront peut-être pas toujours.

L'avenir a ses secrets, qu'il n'est donné à personne de sonder; et la science faisant chaque jour de nouveaux progrès, il est permis de croire que les inventions de James Watt et d'Olivier Ewans ne sont pas les dernières que la Providence ait réservées au génie de l'homme.

C'est depuis leur mort que le télégraphe électrique a été créé, et qu'un câble plongeant au fond de l'Océan a permis d'établir entre les deux mondes des communications instantanées. Ils n'ont donc pas clos la série des grandes inventions, et l'on peut, sans se montrer injuste envers le passé, ne pas désespérer de l'avenir.

Le reproche le plus sérieux qu'on ait fait à la vapeur d'eau, c'est d'exiger pour se produire une grande quantité de chaleur. On a donc cherché à la remplacer par quelque autre agent moins dispendieux. Le premier dont on fit l'essai fut l'air atmosphérique, et l'inventeur du procédé fut le docteur Stirling, ministre de l'Eglise presbytérienne de Galston, en Ecosse.

Ericsson, ingénieur suédois, reprit cette idée quelques années plus tard. Il faisait passer une masse d'air froid à travers des toiles métalliques à mailles serrées, qu'il portait à une température très-élevée. L'air, aussitôt échauffé, se dilatait, et par l'effet de cette dilatation agissait comme la vapeur sur le piston. Après avoir produit son effet, il repassait à travers les mêmes toiles en leur abandonnant sa chaleur, qu'il reprenait ensuite pour agir de nouveau.

L'inventeur fit construire à ses frais un navire

auquel il donna son nom, et sur lequel il installa sa machine. Ce navire était au mois d'août 1854 dans la baie de New-York, et un journal qui annonçait son arrivée disait : « On nous apprend qu'on a substitué sur l'*Ericsson* la vapeur à l'air chaud ; mais on a soin d'ajouter que cette vapeur est engendrée et appliquée d'une manière beaucoup plus économique qu'autrefois. La vérité est que M. Ericsson a commandé pour son navire trois générateurs à vapeur, avec de l'eau à l'intérieur et du feu au-dessous ; ce qui ne l'empêche pas de continuer à dire, dans un excès d'illusion d'inventeur, qu'il emploie encore la puissance motrice de l'air dilaté. »

L'année suivante, le navire à vapeur *la France* quittait la rade de Marseille, ayant à son bord une machine mise en mouvement par la vapeur d'eau, à laquelle un ingénieur français, M. du Tremblay, avait ajouté l'éther comme seconde force motrice. Cette machine, dite à vapeurs combinées, fonctionnait avec une grande facilité, et donnait aux navires une marche supérieure à celle des paquebots-poste. Mais l'éther est une substance très-volatile et très-inflammable, dont les fuites, qu'il était impossible d'éviter, constituaient un danger permanent. Les plus grandes précautions étaient nécessaires pour éviter de terribles accidents; une surveillance de tous les instants était organisée, et l'on ne se servait à bord que de la lampe de sûreté en usage dans les mines.

La lampe de sûreté, due au célèbre Davy, est une lanterne ordinaire entourée d'une double toile métallique, qui, en absorbant la chaleur de la flamme, empêche l'explosion du gaz inflammable répandu dans les houillères, et vulgairement appelé feu grisou.

Avant l'invention de cette lampe, le feu grisou faisait de nombreuses victimes; mais s'il en fait encore quelquefois, depuis que l'illustre chimiste Davy a eu l'heureuse idée d'envelopper de toile métallique la lumière dont il est impossible de se passer dans les entrailles de la terre, c'est par la faute de quelque mineur imprudent.

On se servait donc de la lampe Davy sur le návire *la France*, qui avait été obligé d'embarquer pour l'alimentation de sa machine une très-grande quantité d'éther. Tout alla bien d'abord ; plusieurs voyages furent heureusement accomplis ; mais vers la fin de septembre 1856, au milieu de la nuit, l'éther prit feu et ne s'éteignit que quand le dernier débris du bâtiment disparut dans les flots. Pas un homme n'eût échappé au désastre, s'il fût arrivé en pleine mer ; le voisinage des côtes permit de sauver l'équipage et les passagers ; mais la navigation par l'éther fut décidément abandonnée.

Un autre inventeur, M. Siemens, construisit une machine à trois cylindres, dans lesquels la vapeur et l'air chaud, agissant tour à tour, économisent le combustible sans nuire à la régularité du travail. Cette machine à haute pression occupe peu de place et paraît avoir été substituée avec avantage aux anciennes dans un certain nombre d'ateliers.

De tous côtés on travaille à perfectionner les machines ; les constructeurs anglais, américains, français, se surpassent en efforts pour les simplifier, sans nuire à leur puissance et sans leur ôter la solidité désirable, tandis que les physiciens, les chimistes, les savants de toutes les nations, cherchent un agent plus docile et plus économique que la vapeur d'eau.

Presque chaque année de nouvelles idées se produisent, de nouveaux systèmes sont expérimentés sans résultats sérieux ; mais telles qu'elles sont, les machines mues par la vapeur d'eau ont rendu et rendront sans doute encore longtemps d'éminents services à l'industrie et à la civilisation.

IV.

La navigation par la vapeur. — Claude de Jouffroy.

Nous avons suffisamment indiqué les services rendus à l'industrie par la vapeur. Il nous reste à dire ce qu'elle a fait pour la civilisation. Elle a établi des liens entre tous les peuples, en leur créant des relations commerciales, en rendant les voyages par terre et par mer plus faciles et plus prompts, en transformant en une louable émulation les rivalités et les rancunes nationales. On se hait souvent parce qu'on se connaît mal, a dit un auteur; c'est en se connaissant mieux qu'on apprend à s'estimer mutuellement; et de l'estime à l'affection, il n'y a plus qu'un pas.

Avant même qu'on eût découvert les premiers appareils dans lesquels devait fonctionner la vapeur, on avait conçu l'espoir d'appliquer cette puissance motrice à la navigation et à la traction des voitures. Salomon de Caus, dans un ouvrage dédié au roi Louis XIII, disait que ce double emploi était réservé à la vapeur d'eau. Cette opinion, nos jeunes lecteurs peuvent le supposer, amusa beaucoup la ville et la cour, ainsi qu'on disait alors. Chacun crut que le brave architecte normand avait perdu l'esprit, et sans doute on ne se gêna pas pour le lui dire. Il n'y a pas si longtemps que l'idée de voir une longue file de voitures marcher sans attelage paraissait impossible à réaliser, quoique les esprits fussent déjà familiarisés avec les grandes choses opérées par la vapeur.

Salomon de Caus trouva des incrédules et des railleurs, le fait est certain; mais c'est à tort que la légende le représente comme une victime de l'injustice de ses concitoyens, en disant que Salomon, accusé de folie, fut enfermé à Bicêtre et y mourut de désespoir. Salomon fut, au contraire, protégé et encouragé par le cardinal de Richelieu, tout-puissant alors, et il mourut en 1630, quoique la légende prétende qu'il fut enfermé en 1641. Bicêtre était d'ailleurs à cette époque une commanderie de Saint-Louis, et non un asile d'aliénés.

Salomon de Caus était savant pour son temps ; mais s'il entrevit le rôle que la vapeur serait appelée à jouer, c'est à Denis Papin, et non pas à lui, qu'il faut attribuer la gloire d'avoir construit la première machine à vapeur, et d'avoir modifié cette première machine pour la rendre applicable à la navigation.

M. Kulmann, professeur à Hanovre, a découvert, en 1852, dans la bibliothèque de cette ville, des papiers qui prouvent que Denis Papin construisit réellement et fit manœuvrer sur la Fulde un bateau dont les roues étaient mises en mouvement par la vapeur d'eau.

Cette invention eût peut-être été mieux appréciée en Angleterre qu'en Allemagne; mais nous avons dit que les bateliers du Wéser, ne pouvant obtenir de Papin leur droit de péage, se ruèrent sur son bateau et le mirent en pièces. Toutefois, il fallait autre chose que des encouragements pour assurer le succès de cette invention; et quoiqu'on n'ait que peu de détails sur la machine adaptée au bateau de Papin, on peut affirmer qu'elle était trop imparfaite pour rendre les services que son auteur en attendait.

Il devait encore s'écouler près d'un siècle avant que le problème de la navigation par la vapeur fût résolu; mais c'est beaucoup d'offrir le problème aux recherches des savants et de donner un commencement d'exécution à des projets que l'opinion publique cesse dès lors de regarder comme irréalisables.

Dès que James Watt eut fait de la machine encore toute primitive de Newcomen un appareil moteur d'une puissance et d'une régularité admirables, on se préoccupa beaucoup de savoir s'il ne pourrait point être installé à bord des vaisseaux, pour suppléer à l'action du vent et rendre les tempêtes moins redoutables, en permettant aux bâtiments qui auraient perdu leurs mâts et leurs voiles de continuer à marcher.

A dix ans de distance l'un de l'autre, deux mécaniciens anglais, Dickens et Hulls, résolurent affirmativement la question ; mais la machine de Watt était si lourde, si compliquée, elle occupait tant d'espace, que la nécessité de chercher autre chose fut généralement comprise.

On n'avait encore rien trouvé quand l'Académie française offrit, en 1753, un prix à l'auteur du meilleur mémoire traitant des moyens de suppléer à l'action du vent sur la marche des navires. Jusque-là, on avait employé les rames sur les galères du roi, et les rameurs étaient des forçats. C'est pour cette raison qu'on remplace encore souvent le nom de bagne par celui de galères. Denis Papin, avant de construire son bateau, écrivait que l'emploi de la vapeur d'eau lui paraissait bien préférable au travail des galériens pour aller vite en mer, et chacun après lui dit que la vapeur d'eau était la seule force qu'on pût appliquer utilement à la navigation.

Un savant chanoine de Nancy, l'abbé Gauthier, insista, dans un remarquable mémoire, sur la possibilité d'employer la machine de Watt à bord des vaisseaux; mais l'Italien Bernouilli, tout en reconnaissant la vapeur comme le seul agent capable de remplacer les voiles, déclara qu'il ne fallait pas compter sur le succès avant qu'une nouvelle machine fût créée. Il appuya cet avis sur des calculs dont la justesse frappa la docte société; le prix lui fut décerné, et l'on résolut d'attendre l'invention dont la nécessité était si bien démontrée.

On ne connaissait encore, chez nous, la machine à vapeur telle que James Watt l'avait faite, que par les rapports des touristes et des ingénieurs qui avaient visité les ateliers de Soho. La pompe à feu de Newcomen servait à l'épuisement des eaux dans les mines de Valenciennes et de Condé; mais la première machine perfectionnée ne fut introduite en France qu'en 1769. Elle avait été achetée à Soho et installée à Chaillot par Constantin Périer, pour servir à l'élévation des eaux de la Seine et à leur distribution dans les divers quartiers de Paris.

Nos jeunes amis n'ont pas oublié que les eaux ne peuvent s'élever dans les tuyaux de pompes au delà de trente-deux pieds; mais il faut qu'ils sachent que l'eau réduite en vapeur monte jusqu'à ce qu'elle reprenne sa forme liquide en se refroidissant. Onze machines à vapeur établies à Londres distribuaient, par ce système, l'eau de la Tamise dans toute la ville.

La machine de Chaillot, à laquelle on conserva le nom de pompe à feu, excita la plus vive curiosité; mais quoiqu'elle fonctionnât bien, on la voyait généralement d'un mauvais œil. Il suffisait qu'elle vînt d'Angleterre pour qu'on se plaignît de la qualité de l'eau qu'elle fournissait, et c'est à peine si les Parisiens consentirent à en faire usage, après que l'Académie de médecine eut déclaré que cette eau était parfaitement saine.

Il y avait toutefois des savants qui examinaient sans préventions le jeu de la machine, les différentes pièces dont elle se composait, et qui la jugeaient digne d'admiration.

De ce nombre était un gentilhomme franc-comtois, Claude d'Abans, marquis de Jouffroy, que sa noblesse n'avait pas empêché de s'adonner à l'étude des sciences, mais qui, cédant aux vœux de sa famille, avait embrassé la carrière des armes.

A la suite d'une querelle, dans laquelle il oublia le respect qu'il devait à son colonel, Claude fut obligé de se réfugier à Baume-les-Dames, sa ville natale, et il lui fut défendu d'en sortir. Cet exil l'affligea peu ; car il lui permit de se remettre au travail et de lire tous les mémoires publiés sur la vapeur, considérée comme force motrice. Non content d'étudier la description des machines, il voulut voir celle de Chaillot, et, sans trop s'inquiéter des suites d'une telle désobéissance, il quitta sa retraite pour venir à Paris.

Le bruit qu'avaient produit ses démêlés avec son colonel était oublié ; quelques officiers supérieurs, ses compatriotes et ses amis, auxquels il avait fait part du motif qui l'attirait, firent en sa faveur d'actives démarches et lui obtinrent l'autorisation d'aller où bon lui semblerait.

Il en profita pour se lier avec Constantin Périer, qui lui permit d'étudier dans tous ses détails la machine de Watt, et qui reçut la confidence des projets qu'il méditait. Le gentilhomme ne songeait à rien moins qu'à appliquer cette machine à la navigation. Le marquis Ducrest, membre de l'Académie des sciences, après avoir contribué puissamment à faire rentrer en grâce M. de Jouffroy, invita plusieurs de ses collègues à examiner les plans du gentilhomme, pendant qu'une souscription était ouverte pour lui fournir les moyens de les mettre à exécution.

Le marquis de Jouffroy exposa ses idées, qui recueillirent l'approbation générale; mais Constantin Périer, sur l'aide duquel il comptait, exposa un projet différent du sien, et Claude eut le regret de le voir adopté.

Périer avait établi dans l'île des Cygnes un atelier pour la construction des machines à vapeur; il en tira celle qu'il voulait installer à bord d'un bateau; mais elle fonctionna mal, et l'on en conclut que la navigation par la vapeur était une chose impossible.

Jouffroy, retiré à Baume-les-Dames, ne perdait pas courage. Sans autres ressources que celles qu'il pouvait trouver dans cette petite ville, il fit construire un bateau et une machine à vapeur destinée à le mettre en mouvement au moyen de deux paires de rames ou palettes, dont le jeu rappelait celui des pieds palmés des oiseaux aquatiques. Cet appareil avait été inventé en Suisse par l'abbé Genevois.

Le marquis de Jouffroy n'en fut pas satisfait ; son bateau marchait, mais lentement, parce que les palettes, qui devaient s'étendre comme les nageoires d'un cygne, ne s'ouvraient qu'à demi quand le courant leur opposait de la résistance. Il les remplaça par des roues dans un nouveau bateau qu'il fit construire à Lyon, et sur lequel il plaça une machine à deux cylindres qui faisait tourner ces roues munies de larges aubes.

En 1783, le 15 juillet, une foule immense encombrait les quais pour assister à l'expérience annoncée par le marquis de Jouffroy. Le bateau d'essai remonta la Saône jusqu'à l'île Barbe, aux acclamations de tous les spectateurs.

L'intention de l'inventeur était d'établir sur la Saône un service régulier de bateaux à vapeur ; mais il fallait pour cela plus d'argent qu'il n'en possédait ; car il avait épuisé ses ressources en faisant construire deux bateaux et deux machines.

Des spéculateurs lui offrirent les fonds nécessaires à cette entreprise, pourvu qu'il obtînt du gouvernement un privilége de trente années.

Le ministre auquel il en fit la demande chargea l'Académie des sciences de nommer une commission, d'après le rapport de laquelle il pût se décider en toute sécurité. L'Académie eut le tort d'adjoindre à deux de ses membres, désintéressés dans la question, Constantin Périer, qu'un récent échec devait faire soupçonner d'un peu de jalousie contre M. de Jouffroy.

La commission déclara qu'elle reconnaîtrait comme décisive l'expérience du bateau à vapeur, lorsque ce bateau, chargé de trois cent mille livres, remonterait la Seine, l'espace de quelques lieues.

La réponse fut transmise au marquis de Jouffroy, qui apprit en même temps que la durée du privilége auquel le succès lui donnerait droit serait de quinze années seulement. Le gentilhomme reçut avec résignation cette nouvelle, qui ruinait toutes ses espérances; car il ne pouvait faire face aux frais de l'essai demandé, et il ne voulait pas compromettre les intérêts de ceux qui avaient confiance en lui, en les exposant à lutter contre le mauvais vouloir de son rival.

Il renonça donc à la fortune qu'il avait entrevue, et il reprit son épée. Mais il ne put rentrer dans son régiment, où le mauvais succès de ses tentatives avait fait de lui l'objet des railleries les plus piquantes, et où il n'était plus désigné que sous le nom de Jouffroy la Pompe. Il fut obligé d'acheter une compagnie d'infanterie, à la tête de laquelle il servit jusqu'en 1790. Alors il quitta la France, comme la plupart des nobles; mais il refusa de suivre le conseil qu'on lui donnait de passer en Angleterre et d'y exploiter sa découverte. Quoiqu'il eût beaucoup à se plaindre de son pays, il l'aimait toujours.

Il y rentra en 1796, mais sans pouvoir reprendre ses anciens projets. Cependant l'Américain Robert Fulton ayant fait à Paris, en 1803, l'essai d'un bateau à vapeur sur la Seine, le marquis de Jouffroy rappela que la priorité de l'invention lui appartenait.

Ce fut tout jusqu'en 1815. A cette époque, les Bourbons étant remontés sur le trône, le marquis de Jouffroy, ancien émigré, appartenant à la meilleure noblesse de la Franche-Comté, trouva un protecteur zélé dans le comte d'Artois, qui régna depuis sous le nom de Charles X.

Le prince consentit à être le parrain du premier bateau à vapeur destiné à faire sur la Seine un service régulier, et ce bateau fut lancé, en grande pompe, pendant les fêtes qui signalèrent le mariage du duc de Berry en 1816.

Mais une répulsion générale existait encore en France contre les machines; chacun aimait mieux confier sa vie ou ses marchandises aux anciens bateaux ou aux voitures, et la compagnie Jouffroy faisait à peine ses frais quand une autre société se forma pour la même exploitation. Le gentilhomme invoqua son privilége; ses concurrents en contestèrent la validité. Il s'ensuivit des procès qui ruinèrent la première compagnie sans enrichir la seconde, et le marquis eut encore une fois besoin de tout son courage pour supporter tant de traverses.

Devenu vieux et pauvre, il entra aux Invalides en 1830, sans avoir rien perdu de sa résignation. Il avait conservé toutes ses facultés; il racontait sans amertume ses beaux rêves, suivis de si cruelles déceptions, et il paraissait devoir vivre longtemps encore lorsque le choléra, qui sévissait en France pour la première fois, l'emporta en 1832.

Sept ans après, M. Arago demanda que, par un acte de justice trop longtemps différé, l'Académie accordât à Claude de Jouffroy le titre d'inventeur de la navigation par la vapeur, titre que les tribunaux américains et Fulton même lui avaient décerné.

Nous n'avons pas encore parlé de Fulton, qui, pendant qu'on refusait d'adopter en France l'invention du marquis de Jouffroy, couvrait de bateaux à vapeur les grands fleuves des Etats-Unis.

Robert Fulton était d'origine irlandaise; mais il

naquit en Amérique, où ses parents étaient allés s'établir, pour échapper à la misère qui désolait alors et qui désole encore leur infortunée patrie. Ils s'étaient fixés dans le comté de Lancastre, à Little-Britain, où Robert vit le jour en 1765.

L'enfant n'avait encore que trois ans lorsqu'il perdit son père. Sa mère l'éleva en s'imposant des travaux et des privations dont il sut plus tard se montrer reconnaissant. Robert annonçait une grande intelligence; la veuve eût désiré pouvoir cultiver ses rares dispositions, et ce fut avec regret qu'elle le retira de l'école de son village pour le mettre en apprentissage chez un bijoutier, dès qu'il sut lire, écrire et compter un peu.

Fulton, loin de se croire assez savant, travaillait tout le jour pour son patron, et consacrait ses soirées à l'étude. Bientôt il crut se sentir pour la peinture une vocation décidée, et il remplaça les livres par des crayons. Mais, comme il fallait vivre, il ne quitta l'atelier de son maître que quand il put gagner assez d'argent, avec ses pinceaux, pour aider sa mère, au lieu de lui être à charge.

Il réalisa ses premières économies en allant de village en village pour peindre des enseignes et faire des portraits. Il saisissait parfaitement les ressemblances; et quand il renonça au métier de peintre ambulant pour s'établir à Philadelphie, il se fit en peu de temps une certaine réputation. Sa mère, qu'il aimait tendrement, avait toujours désiré posséder une petite ferme, et il travaillait avec ardeur pour combler ce vœu. Le jour où il put installer enfin l'excellente femme dans une maison entourée de quelques terres, et pourvue d'animaux dont le soin devait la distraire, fut peut-être le plus beau de sa vie.

Cette ferme était située dans l'état de Washington. En revenant à Philadelphie, Robert fit la rencontre du peintre Scorbitt, qui, ayant vu quelques-uns de ses dessins, lui prédit un glorieux avenir.

— Vous êtes trop indulgent, répondit Fulton;

j'amasserai pour mes vieux jours une modeste aisance; mon ambition ne va pas au delà.

— Est-ce bien vrai? demanda Scorbitt. N'avez-vous jamais rêvé la réputation qui s'attache aux grands talents?

— Ce serait un rêve insensé. A peine ai-je eu des maîtres; je me suis fait moi-même ce que je suis et je ne puis devenir autre chose.

— Pourquoi donc? Vous êtes jeune; et si vous alliez passer quelques années en Angleterre, votre talent s'y développerait.

L'idée d'un voyage en Europe avait souri plus d'une fois à Fulton. Il n'avait osé s'y arrêter, tant que sa mère avait eu besoin de lui; mais il était désormais sans inquiétude sur son sort.

— Je ne connais personne à Londres, répondit-il.

— Qu'à cela ne tienne! reprit Scorbitt. Benjamin West, notre compatriote et mon ami, y jouit d'une grande réputation. Vous irez le trouver de ma part, et il vous ouvrira tout à la fois son atelier, son cœur et sa bourse.

— A Londres, comme ici, je pourrai me suffire en travaillant, dit Fulton. Je ne demanderai à votre ami que ses conseils et son affection.

Quelques jours seulement après cette conversation, le jeune artiste partait pour l'Angleterre, muni d'une lettre de Scorbitt pour Benjamin West.

Il arrive souvent qu'une lettre de recommandation reste sans effet; mais West aimait réellement son ancien confrère, et, se réjouissant de n'en être pas oublié, il fit à Fulton l'accueil le plus cordial.

— Vous êtes mon hôte, en attendant que vous soyez mon élève, lui dit-il; mais je ne veux pas que vous vous mettiez au travail avant d'avoir fait connaissance avec cette bonne ville de Londres, que sans doute vous désirez voir depuis longtemps. Prenez huit jours, prenez quinze jours, s'il le faut, pour visiter ce qu'elle offre de curieux; et quand vous aurez tout vu, vous reviendrez à vos pinceaux.

Fulton avoua qu'il avait été vivement frappé de l'animation qui régnait dans cette grande cité, et qu'il se croyait incapable de travailler avant d'avoir satisfait sa curiosité. Il visita le port, les arsenaux, les magasins; il s'arrêta surtout dans les usines où fonctionnait la machine perfectionnée par James Watt, et l'admiration que lui causa cette merveille lui fit prendre en dégoût, comme une occupation inutile, la peinture qu'il avait tant aimée.

Il devint pourtant l'élève de Benjamin West; car il voulait lutter contre ses nouvelles idées; mais elles continuèrent à l'obséder, et il fut obligé de reconnaître qu'il s'était trompé en se croyant appelé à cultiver les arts. West essaya de le retenir, et l'engagea à se méfier de l'inconstance qui détourne trop souvent les jeunes gens de leur chemin pour les jeter dans une fausse voie où ils ne rencontrent que des déceptions; mais quand il vit que la vocation de Robert l'entraînait décidément vers les sciences, il le laissa maître de la suivre.

V.

Robert Fulton.

Fulton séjourna successivement dans les principales villes de l'Angleterre, peignant lorsqu'il avait besoin d'argent, étudiant la mécanique dès que sa bourse était assez garnie pour lui permettre quelques loisirs.

Rentré à Londres, après une absence de quelques années, il y fit la connaissance de John Rumsay, son compatriote, qui avait quitté les Etats-Unis à la suite d'essais infructueux pour faire marcher un bateau par la vapeur. La même expérience tentée par lui pour la seconde fois n'avait pas mieux réussi en Angleterre qu'en Amérique. Il est vrai que Rumsay avait eu l'étrange idée de munir son bateau de longues perches, que la vapeur devait faire manœuvrer comme si ces perches eussent été des jambes. Malgré ce double échec, il poursuivait la solution du problème alors généralement étudié, et ce fut lui qui attira sur ce point l'attention de Robert Fulton.

Le jeune homme jugea d'abord que le système de Rumsay était défectueux; il n'accorda guère plus de préférence aux rames palmipèdes dont s'était d'abord servi le marquis de Jouffroy; mais les roues à aubes lui parurent, ce qu'elles étaient réellement, le meilleur propulseur des bateaux destinés à sillonner les fleuves. Il écrivit, pour en conseiller l'emploi, à lord Stanhope, qui faisait construire, pour y adapter une machine à vapeur, un bateau à rames articulées. Dans cette lettre, il disait au noble lord qu'ayant étudié spécialement la question de la navigation par la vapeur, il serait heureux de voir accepter ses services par un homme riche et dévoué à la science.

Fulton était encore inconnu ; lord Stanhope ne crut pas devoir lui accorder sa confiance ; et s'il s'en repentit, ce fut seulement quand le succès eut rendu à jamais célèbre le nom de l'ingénieur américain.

Le jeune homme, ne disposant pas des ressources nécessaires pour expérimenter son système, tourna ses vues d'un autre côté. Il dressa un plan de canalisation, qu'il soumit en vain au gouvernement britannique et qu'il porta ensuite en France. Ce plan pouvait être bon ; mais on ne l'examina pas plus en France qu'en Angleterre. Le vent était à la guerre ; Fulton se dit que sa fortune serait faite s'il pouvait inventer quelque engin destructeur.

La marine française était alors en triste état ; elle avait encore de courageux matelots ; mais la plupart des officiers, appartenant à l'ancienne noblesse, avaient émigré, et il ne suffit pas d'être brave pour commander une escadre ni même un seul navire. Les Anglais, profitant de ces circonstances, nous avaient enlevé presque toutes nos colonies des Antilles ; ils donnaient la chasse en mer à tous nos bâtiments, et se hasardaient jusque sur nos côtes.

Fulton proposa au Directoire, qui gouvernait alors la France, une machine de guerre, appelée torpille, qui devait pénétrer sous les vaisseaux ennemis et les faire sauter. La torpille fut essayée; mais, soit qu'elle ne répondît point aux promesses de l'inventeur, soit que l'humanité en défendît l'usage, Fulton dut encore cette fois renoncer à ses espérances.

Sur le point de manquer de tout, l'ingénieur américain se rappela qu'il était peintre, et il offrit le secours de ses pinceaux à Joël Barlow, son compatriote, qui travaillait à établir à Paris le premier panorama. Joël accepta, et consentit à partager avec Fulton les bénéfices de l'entreprise, qui réussit à merveille.

Mais si Fulton voulait de l'argent, c'était pour suivre ses goûts, en se livrant à de nouvelles recherches. Après avoir fait quelques changements à sa torpille, il la proposa au général Bonaparte, qui venait d'être élu premier consul. Des expériences furent faites à Brest et au Havre ; mais, après une longue attente, l'ingénieur apprit qu'il ne pouvait être donné suite à son projet.

Toutefois, Fulton n'avait pas perdu son temps. Le bruit que fit cette invention inspira à l'ambassadeur des Etats-Unis, Robert Livingstone, le désir de connaître celui de ses compatriotes qui en était l'auteur. Il l'accueillit avec distinction, et voulut savoir tout ce qui le concernait. Fulton n'avait rien à cacher ; mais il parlait surtout avec plaisir de ses études sur la navigation par la vapeur. Livingstone n'était pas étranger à cette question ; car lui-même avait essayé de faire marcher à l'aide de la vapeur un bateau sur l'Hudson, avant d'accepter les fonctions diplomatiques dont il était chargé. Il avoua franchement au jeune homme qu'il n'avait pas réussi ; il lui donna des détails sur ce qu'il avait fait, et le pressa de dire ce qu'il aurait dû faire.

Fulton vanta le système des roues à aubes ; il appuya cette préférence sur d'excellentes raisons et sut donner à l'ambassadeur une haute opinion de ses connaissances en mécanique.

— Si j'ai un conseil à vous donner, mon cher ami, lui dit Livingstone, c'est de renoncer à vos machines de guerre, et de revenir au grand problème de la navigation par la vapeur. Il sera bien plus doux et plus glorieux pour vous d'attacher votre nom à une invention utile qu'à ces appareils destructeurs.

— C'est vrai, répondit Fulton ; mais le succès de la torpille devait me permettre de continuer mes expériences sur la navigation.

— J'ai assez de confiance en votre talent pour mettre à votre disposition les fonds dont vous avez besoin, reprit l'ambassadeur. Etudiez donc sans vous préoccuper de la question d'argent, et tenez-moi au courant de vos travaux.

— Mais si je ne réussis pas ?...

— Vous réussirez, et personne n'aura plus fait que vous pour la prospérité de notre pays. Songez donc à ce qu'il sera quand nos grands fleuves, dont les bâtiments à voiles ou à rames ne peuvent remonter le cours, seront sillonnés en tous sens par des bateaux à vapeur. Les prairies, les forêts feront place à des cités florissantes, qui enverront, par cette route facile et sûre, leurs produits dans nos ports. Les Français n'ont pas besoin de la navigation à la vapeur ; mais il faut en trouver le secret pour la gloire et le bonheur de notre commune patrie.

— Vous me rendez le courage, reprit Fulton. Après tant de traverses et de mécomptes, je voulais partir ; mais, quoi que vous ordonniez, je vous obéirai.

Il fut convenu que Fulton resterait en France,

qu'il reprendrait sérieusement ses recherches sur l'emploi de la vapeur à la navigation, et que de nouvelles expériences seraient faites aux frais de Robert Livingstone, devenu son associé.

Après quelques essais tentés pour s'assurer de la supériorité des roues à palettes sur les autres propulseurs, Fulton fit construire, dans les ateliers des frères Périer, une machine à vapeur, qu'il installa sur un bateau près duquel les curieux s'arrêtaient depuis longtemps; car ce bateau armé de deux grandes roues ressemblait à un chariot.

Fulton croyait avoir tout préparé pour l'expérience décisive; il ne restait plus qu'à en fixer le jour, quand, un beau matin, il ne retrouva plus son bateau. Le bruit courut aussitôt que des jaloux l'avaient fait sombrer. L'ingénieur américain le crut comme les autres; mais il reconnut ensuite que la malveillance n'était pour rien dans cet accident, et que si la Seine avait englouti le bateau, le poids exorbitant de la machine en était la seule cause.

Un autre bateau plus capable de la porter fut promptement construit, et le 9 août 1803, Fulton le fit manœuvrer avec une grande facilité, soit en remontant, soit en descendant le fleuve, en présence d'une foule innombrable.

Le succès ayant dépassé l'attente de l'inventeur, Fulton demanda que son système de navigation fût examiné par l'Académie des sciences ; mais l'empereur, qui n'avait point été satisfait de la torpille et gardait une certaine prévention contre l'ingénieur américain, n'accéda point à cette demande.

C'est de là qu'est venue cette fable, si longtemps accréditée, d'une entrevue dans laquelle Fulton aurait proposé à Napoléon Ier d'effectuer une descente en Angleterre sur des bateaux à vapeur. L'empereur, ne sachant s'il fallait ajouter foi aux promesses de l'ingénieur américain, renvoya, dit-on, son projet à l'Académie, et, sur le rapport défavorable qui lui en fut adressé, refusa les offres de Fulton.

Il s'en repentit amèrement, continue la légende,

lorsque, onze ans plus tard, les Anglais l'emmenèrent à Sainte-Hélène, où il devait finir ses jours. Pendant le trajet, il aperçut au loin un bâtiment surmonté d'un panache de fumée et demanda ce que ce pouvait être. On lui répondit que c'était la frégate à vapeur *le Fulton Ier*. Il poussa un profond soupir, en s'accusant lui-même d'avoir manqué de confiance au génie de cet homme, qui lui avait offert le véritable moyen de triompher de l'Angleterre.

Se non è vero, è ben trovato, dit un proverbe italien, si l'incident n'est pas vrai, il est bien imaginé, pour rendre le récit tout à fait romanesque ; mais il est prouvé que l'Académie n'eut point à se prononcer sur la découverte de Fulton, et que la frégate à vapeur *le Fulton Ier*, construite en Amérique, étant uniquement destinée à la garde des côtes et beaucoup trop lourde pour s'aventurer en pleine mer, ne put être aperçue de l'illustre prisonnier faisant voile pour Sainte-Hélène.

Il est vrai que Napoléon ne se douta point de

l'avenir réservé à la navigation par la vapeur; mais Fulton ne s'en doutaït pas davantage; car il écrivait au directeur du Conservatoire des Arts et Métiers que son but, en construisant un bateau à vapeur, avait été de rendre possible le parcours des grands fleuves de l'Amérique, où les chemins de halage étaient rares et peu praticables, tandis qu'il existait en France des compagnies qui se chargeaient du transport des marchandises dans de meilleures conditions que ne le feraient peut-être les bateaux à vapeur les plus perfectionnés. Quant aux passagers, il était possible, ajoutait l'inventeur, que le désir de gagner du temps leur fît préférer ces bateaux aux coches traînés par des chevaux.

Cependant Fulton, voyant que le monde savant se préoccupait peu de sa découverte, en fut blessé. Il songeait à passer en Angleterre, où elle aurait, pensait-il, plus de retentissement, lorsque le chancelier Livingstone, qui n'avait pas perdu de temps pour adresser au gouvernement des Etats-Unis le compte rendu des expériences faites à Paris, le 9 août 1803, apprit à son associé que l'État de New-York leur concédait le privilége de la navigation sur toutes ses eaux pendant un espace de vingt années, pourvu que, dans un délai fixé, ils pussent remonter l'Hudson en bateau à vapeur avec une vitesse de six mille quatre cents mètres à l'heure.

Les ateliers anglais de Watt et Boulton jouissaient d'une réputation bien supérieure à ceux des frères Périer; Fulton y fit construire la machine destinée à ce bateau, pendant que Livingstone retournait aux Etats-Unis. La dernière invention de l'ingénieur américain avait fait peu de bruit en Angleterre; mais on s'y préoccupait beaucoup des désastres que pouvait occasionner la torpille, et le gouvernement anglais fit savoir à Fulton qu'il était disposé à se rendre acquéreur de cette machine meurtrière.

Fulton passa le détroit et renouvela sur les côtes d'Angleterre les expériences qu'il avait faites à Brest et au Havre. Elles réussirent assez bien pour que l'amirauté anglaise offrît à l'inventeur une somme considérable, s'il voulait s'engager sur l'honneur à ne jamais se servir de ces appareils contre la marine de la Grande-Bretagne.

— Je ne puis faire un tel serment, répondit l'Américain. Si j'attache quelque prix à cette invention, c'est bien moins pour les avantages qu'elle pourra me rapporter que pour les services qu'elle rendrait à mon pays, en cas de guerre. Aussi je me réserve le droit de m'en servir contre tous ses ennemis, à quelque nation qu'ils appartiennent.

Fulton n'avait plus rien à faire en Angleterre. Aussitôt que sa machine à vapeur fût achevée, il partit pour New-York, où l'avait devancé Robert Livingstone. Dès qu'il y fut arrivé, il pressa la construction du bateau sur lequel cette machine devait fonctionner et lui donna le nom de *Claremont*. Les curieux, dont l'affluence était considérable, le baptisèrent autrement. « Nous allons, disaient-ils, voir la *Folie-Fulton.* » Mais Fulton, sûr du succès, ne s'inquiétait point des railleries dont cette entreprise était l'objet.

Le 10 août 1807, le *Claremont*, conduit par Fulton lui-même, remonta l'Hudson avec une vitesse supérieure à celle qu'on exigeait ; et toutes les conditions se trouvant remplies, le privilége promis fut accordé aux deux associés.

Ils annoncèrent alors qu'un service régulier était ouvert entre New-York et Albany, villes situées sur l'Hudson, à deux cents kilomètres l'une de l'autre.

La foule, après avoir accompagné de huées et de sifflets les premières manœuvres du *Claremont*, l'avait ensuite salué de ses bravos. On ne parlait de tous côtés que de la merveilleuse réussite de cette expérience; mais on se refusait à en voir les conséquences, et le bateau à vapeur commença son service de New-York à Albany sans marchandises et sans passagers.

Il allait redescendre de même, quand un inconnu parvint jusqu'à la cabine où Fulton était occupé à écrire.

— Vous retournez à New-York, monsieur, lui dit-il, et vous prenez des voyageurs ?

— Oui, monsieur, répondit Fulton avec un sourire qui n'était pas exempt d'amertume.

— Quel est le prix du passage ?

— Six dollars.

— Les voici, dit l'inconnu en remettant la somme à l'ingénieur.

Celui-ci les prit, et parut les examiner avec une attention qui surprit le passager.

— N'est-ce pas six dollars que vous m'avez demandés et que je vous ai donnés ? demanda-t-il.

— C'est bien cela, monsieur, dit Fulton ; mais je songeais, en comptant cette somme, que c'est le premier salaire que m'aient rapporté mes longs travaux. Pardonnez-moi donc une émotion dont je n'ai pu me défendre.

— Elle est bien légitime, reprit le voyageur, ému à son tour. Je suis heureux de vous l'avoir causée, et je fais des vœux pour que cet argent, si bien gagné, soit le commencement d'une fortune égale à votre mérite.

— Merci, monsieur. Je voudrais, pour consacrer cet augure, vous prier de partager avec moi une bouteille de vin ; mais je suis trop pauvre pour que ce plaisir me soit permis, répondit Fulton en essuyant ses larmes.

Le vœu du passager, dont le nom n'a pas été conservé, se réalisa, malgré la malveillance et la jalousie qui poursuivirent encore pendant quelque temps l'œuvre de l'illustre ingénieur. Les deux associés obtinrent le privilége de la navigation par la vapeur sur tous les fleuves des Etats-Unis ; ils lancèrent plusieurs bateaux et cédèrent à diverses compagnies, moyennant une redevance annuelle, le droit d'en construire d'autres sur plusieurs grands cours d'eau.

Fulton eut donc la joie de voir des bâtiments à

vapeur sillonner tous les fleuves de son pays, et donner une nouvelle activité à son commerce. Il conçut alors le projet d'appliquer son système à la marine militaire. Il soumit ce projet au gouvernement américain, qui le prit en considération et chargea Fulton d'organiser la défense du port de New-York, pour le cas probable d'une guerre avec les Anglais.

Des batteries sous-marines y furent disposées par les soins de leur inventeur, qui s'occupa sans délai de la construction d'une grande frégate à vapeur armée de trente canons. Outre cette artillerie formidable, Fulton la munit d'un grand nombre de faux, que la machine devait mettre en mouvement, et d'autres engins destinés à lancer sur les assaillants des torrents d'eau froide et d'eau bouillante.

La frégate n'était pas achevée quand Fulton fut obligé de se rendre à Trenton, où devaient comparaître, devant les tribunaux, les représentants d'une compagnie qui avait attenté à ses priviléges.

Il revenait par l'Hudson avec sir Emmet, son avocat, lorsque celui-ci tomba dans le fleuve. Fulton n'hésita point à se jeter à la nage ; il plongea plusieurs fois et ne parvint à sauver sir Emmet qu'avec beaucoup de peine. On leur prodigua des soins à tous deux ; mais Fulton, épuisé par la lutte et saisi par le froid, tomba gravement malade en rentrant à New-York.

Il allait mieux toutefois, et les médecins le croyaient sauvé, quand le désir de voir où en étaient les travaux de sa frégate lui fit commettre une funeste imprudence. Il sortit, en promettant de revenir bientôt ; mais sa présence était si nécessaire sur le quai, qu'il oublia cette promesse et demeura tout le jour exposé à une pluie glaciale. Une rechute était inévitable; la fièvre le reprit avec violence et l'enleva à son pays le 24 février 1815.

La nouvelle de cette mort causa partout les plus vifs regrets. On rendait enfin justice à ce grand citoyen, qui avait ouvert pour les Etats-Unis une ère nouvelle de puissance et de prospérité. Les sociétés savantes prirent le deuil, les journaux parurent encadrés de noir, et quand le convoi passa devant la frégate à vapeur, son artillerie tonna, pour rendre un dernier hommage au célèbre ingénieur dont elle devait porter le nom.

La mémoire de Fulton est restée en vénération dans sa patrie, et c'est à juste titre ; car la navigation par la vapeur a réalisé les espérances dont le chancelier Livingstone entretenait son futur associé pour lui rendre le courage. Des forêts, des plaines désertes ont été cultivées, des villes se sont fondées, et la civilisation a rapidement marché, grâce à la facilité des communications, jusqu'alors presque impossibles sur un grand nombre de points.

VI.

L'hélice. — Charles Dallery. — Frédéric Sauvage.

Trois ans avant la mort de Fulton, un constructeur écossais, Henri Bell, lança sur la Clyde un petit bateau à vapeur destiné à faire un service régulier entre Glascow et Greenock. Bientôt ce bâtiment ne pouvant suffire à l'affluence des passagers et des marchandises, il fallut le remplacer par un autre, que mit en mouvement une machine dix fois plus puissante. Bientôt ce dernier, devenu trop petit à son tour, dut partager avec plusieurs steamers la navigation de la Clyde; et comme tous marchaient sans accidents, avec une régularité et une vitesse satisfaisantes, un service s'organisa entre l'Irlande et l'Angleterre, à travers le canal Saint-Georges.

C'était un peu après les derniers essais du marquis de Jouffroy; mais pendant que les Anglais se hâtaient de construire des bateaux à vapeur, les Français ne songeaient point à utiliser cette invention, dont ils pouvaient réclamer l'honneur pour leurs compatriotes Papin et Jouffroy.

Le canal Saint-Georges n'est pas large; mais c'est un bras de mer; et lorsqu'on vit que cette traversée s'effectuait sans difficulté, de nouveaux steamers, sortis des chantiers anglais, commencèrent à sillonner les flots de l'Océan.

Les Américains n'avaient pas été les derniers à deviner l'avenir réservé à la navigation par la vapeur. En 1819, le *Savannah* partit de New-York pour Londres. Il y arriva sans avaries; mais il lui avait fallu six jours de plus qu'aux navires à voiles.

Ce n'était donc qu'un demi-succès, et beaucoup de savants distingués, de marins habiles, croyaient qu'on n'en devait pas espérer un plus complet. D'autres, pleins de confiance en l'avenir, soutenaient qu'il était possible d'abréger les lenteurs de la traversée, et que la vapeur, fournissant aux navires le moyen de marcher en dépit des vents, serait certainement un jour aussi précieuse à la marine qu'elle l'était déjà depuis longtemps à l'industrie.

Une expérience concluante fut faite en 1838. Les Anglais mirent en mer un magnifique bâtiment muni de quatre mâts portant une puissante voilure, et de deux machines à vapeur dont les forces réunies étaient évaluées à celles de quatre cent cinquante chevaux. Le *Grand-Occidental* — c'était le nom de ce beau steamer — sortit du port de Bristol le 8 avril et arriva à New-York le 23 du même mois. Un autre navire à vapeur, *le Sirius*, parti de Londres trois jours plus tôt que le *Grand-Occidental,* ne le précéda que de quelques heures dans la rade de New-York, où tous les deux étaient attendus avec une fiévreuse impatience.

Le retour en Europe ne fut ni moins rapide ni moins heureux, et le *Grand-Occidental*, dès lors affecté au transport des voyageurs et des dépêches entre l'ancien et le nouveau continent, s'acquitta vaillamment de sa tâche. Il fit trente-cinq fois en six ans cette double traversée, utilisant ses voiles quand les vents étaient favorables, recourant à la vapeur lorsqu'ils lui étaient contraires, et ne mettant jamais plus de quinze jours à se rendre d'Angleterre en Amérique ou d'Amérique en Angleterre.

Ces deux grands pays, si industrieux, si commerçants, eurent bientôt des bâtiments à vapeur sur toutes les mers. La France, obligée de reconnaître les avantages de ce genre de navigation, ne suivit toutefois que de loin, et comme à regret, l'exemple que lui donnaient les Anglais et les Américains.

Cependant le ministre de la marine avait fait

acheter, en 1826, une des plus puissantes machines à vapeur qu'on eût encore fabriquées, et l'avait fait installer sur le *Sphinx*, pour servir de modèle dans les ateliers de la marine militaire. Les premiers bâtiments qui sortirent de ces chantiers étaient construits d'après le système de Fulton, c'est-à-dire qu'ils avaient pour mode de propulsion des roues garnies d'aubes ou palettes.

Ce système, excellent pour la navigation fluviale, perdit bientôt, pour les voyages au long cours, une grande partie de son prestige. D'abord l'installation des roues sur les flancs du navire forçait les constructeurs à augmenter de beaucoup la largeur des bâtiments; ce qui devenait une grande gêne lorsqu'il fallait manœuvrer dans des passes étroites, éviter des écueils ou des courants. Puis, le roulis qui, lorsque la mer est mauvaise, fait pencher alternativement le vaisseau à droite et à gauche, de manière à le coucher presque sur chacun de ses flancs, enfonçait outre mesure une des roues, tandis qu'elle soulevait l'autre hors de l'eau, les rendant à peu près également inutiles.

Ce fut bien autre chose quand les roues à aubes passèrent de la marine marchande à la marine militaire. Il devint évident pour tout le monde que ces navires ne pouvaient prendre part à aucun engagement, puisque les roues, servant de point de mire aux boulets ennemis, devaient être promptement brisées et mettre le navire dans l'impossibilité de fuir, aussi bien que de combattre.

Il fallait donc remplacer les roues par un nouveau système, et l'on en vit surgir de tous côtés, qui la plupart avaient été déjà essayés et reconnus impraticables. A force de chercher, on finit par se rappeler qu'en 1803, pendant que Fulton faisait travailler à son bateau d'essai, un autre bâtiment, qui devait aussi marcher par la vapeur, était en construction sur la Seine, entre Bercy et Charenton.

Ce second bateau ne ressemblait point à un chariot monté sur des roues. « Aux approches de la mer, dit le brevet d'invention alors délivré pour ce bateau, l'aviron est remplacé par un arbre tournant, posé dans la cale du vaisseau, à trois pieds au-dessous du niveau de l'eau. Cet arbre est mu par l'effet de deux crochets posés sur lui-même, qui reçoivent leur force des pistons, et de cet effet résulte un mouvement continu de rotation. L'arbre tournant est de fer, à pivot, sur deux coussinets; il fait sur l'arrière du vaisseau une saillie de deux pieds. A cet arbre en est adapté un autre de bois, de six pieds de long. Ce dernier est garni de feuilles de cuivre un peu bombées, qui forment l'escargot. »

L'escargot ou le pas de vis qui, sous le nom d'hélice, est généralement employé à la propulsion des navires au long cours et des bâtiments de la marine militaire, n'est pas d'invention récente. Il faut, pour en connaître l'auteur, remonter jusqu'à l'illustre Archimède, dont toutes les découvertes de la science moderne n'ont pu faire oublier le nom.

Mais si l'hélice a été trouvée par Archimède, la gloire d'avoir voulu l'appliquer à la marche des navires à vapeur appartient à un Français, Charles Dallery, mort, comme Papin et Jouffroy, sans avoir recueilli le fruit de ses travaux, et sans même avoir pu les achever.

Charles Dallery, né à Amiens en 1754, annonça de bonne heure les plus rares dispositions pour la mécanique. A douze ans, il construisait des horloges en bois et pouvait fabriquer un orgue aussi bien que son père, qui jouissait, comme facteur d'instruments, d'une réputation méritée.

Charles fit subir à la harpe des changements qui la mirent à la mode et firent la fortune d'un fabricant de Paris, auquel il avait livré son secret avec toute l'imprévoyante générosité de la jeunesse.

Cette première déception devait être suivie de bien d'autres. On ne parlait partout que de la vapeur et des merveilles que cette puissance paraissait appelée à réaliser. Dallery s'en occupait aussi, tout en perfectionnant la construction des orgues;

et d'après les descriptions qu'il en avait lues, il fit fabriquer une machine à vapeur, avec l'intention de l'employer à la traction des voitures. Mais il reconnut bientôt que le moment de résoudre ce problème n'était pas arrivé, et il eut la sagesse d'appliquer cette machine au service de ses ateliers.

Quand la Révolution éclata, Dallery travaillait à un orgue de 400,000 fr., qui lui avait été commandé pour la cathédrale d'Amiens. Non-seulement ce beau morceau ne put être achevé, mais la fermeture des églises vint anéantir pour longtemps la fabrication des orgues.

Après avoir construit près d'Amiens un moulin à vapeur, Dallery chercha un associé avec lequel il fit proposer au Comité des subsistances d'établir aux portes de Paris quelques-uns de ces moulins, dont le besoin se faisait vivement sentir. Le Comité approuva ses plans, mit à sa disposition de vastes bâtiments, et lui promit une subvention considérable. Mais cette subvention, sans laquelle il ne pouvait rien, ne lui fut pas payée. Se voyant alors à bout de ressources, Charles se trouva heureux de recourir à son talent pour l'horlogerie. Quand l'ordre se fut rétabli en France, et que le commerce, longtemps paralysé par la Terreur, reprit, avec la sécurité, un nouvel essor, Dallery changea de profession, et, en apprêtant l'or que mettaient en œuvre les bijoutiers, il amassa peu à peu une trentaine de mille francs.

Rien ne lui eût été plus facile que d'arrondir cette somme ; mais, tout en travaillant, il se préoccupait de la question universellement agitée alors, la navigation par la vapeur.

Il fit, comme nous l'avons dit, construire son bateau la même année que Fulton ; mais, grâce au chancelier Livingstone, l'ingénieur américain put faire marcher le sien, tandis que celui de Dallery ne fut point achevé. L'argent lui manquait ; il s'adressa au gouvernement ; mais le gouvernement se souciait peu des bateaux à vapeur, dont il entendait parler depuis longtemps, et Dallery ne put rien obtenir.

Il essaya de faire partager ses espérances aux entrepreneurs de son bâtiment; il leur promit de les payer largement lorsque le succès aurait enfin couronné ses efforts; mais ils se montrèrent incrédules, et ne voulurent pas accorder le moindre délai au malheureux inventeur.

Ne voyant plus aucun moyen d'achever son œuvre, Dallery ne prit conseil que de son désespoir. Il porta lui-même le premier coup de hache à son bateau et donna à ses ouvriers l'ordre de le démolir. Il fut obéi, et bientôt il n'en resta plus que des matériaux, qu'il vendit pour distribuer à chacun son salaire.

Il avait voulu sans doute, en détruisant son bateau, se condamner lui-même à ne plus poursuivre un rêve qui lui avait coûté si cher; il reprit son métier d'apprêteur d'or, et ne s'en laissa plus distraire. Il ne parlait jamais de ses déceptions, ne se plaignait pas de l'injustice des hommes, et ne paraissait même pas se préoccuper de l'avenir de la navigation par la vapeur. Il parvint à la vieillesse sans que personne songeât à ses travaux, et il mourut ignoré en 1835.

L'application de l'hélice à la navigation par la vapeur fut regardée comme une conception chimérique, lorsque Dallery la proposa; mais les grands inconvénients qui résultaient en mer de l'emploi des roues à aubes rendaient si nécessaire la découverte d'un nouveau propulseur, qu'on revint à la vis, en lui faisant subir toutes sortes de modifications.

Les expériences tentées en Angleterre, pendant bien des années, n'eurent que des résultats insignifiants. Ce fut encore un Français, le capitaine du génie Delisle, qui démontra, par des calculs d'une parfaite justesse, les avantages de l'hélice sur les roues, pour la marine militaire et les voyages au long cours. Dans un lumineux mémoire, où toutes les objections étaient victorieusement combattues, il donnait les détails les plus complets sur la forme, les dimensions, l'installation du nouveau propulseur, et il insistait pour que le gouvernement, donnant l'exemple à l'industrie privée, substituât l'hélice aux roues sur les navires de l'Etat.

Ce projet ne fut point examiné, ou il le fut à la légère, tant on était persuadé que l'emploi de l'hélice était impossible.

Un simple constructeur de Boulogne, Frédéric Sauvage, en jugea mieux que tous nos savants. Il est vrai qu'il se ruina complétement pour essayer le genre d'hélice auquel il fallait donner la préférence; mais il s'arrêta enfin à l'hélice simple, telle qu'elle est encore employée aujourd'hui.

Ne possédant plus rien, il emprunta les sommes nécessaires à ses derniers essais. Il comptait pouvoir facilement les rendre, tant il était sûr de réussir; mais comme il n'avait construit que de petits bateaux destinés seulement à servir de modèles, personne ne daigna prêter la moindre attention à ses idées ni à ses travaux.

Ses créanciers le pressèrent en vain; il ne lui restait pas une obole de l'argent qu'ils lui avaient prêté. Ils l'accusèrent de les avoir trompés; et pour se venger du pauvre inventeur, ils le firent mettre en prison. Comme on lui avait laissé du papier et des crayons, il n'était point trop malheureux; mais un jour il vit, de sa fenêtre, entrer dans le port un bâtiment anglais qui n'avait pas de roues, et qui cependant marchait par la vapeur, puisqu'il lançait dans les airs des nuages de fumée.

Il attendit impatiemment la visite du geôlier, pour lui demander ce que c'était que ce navire.

— C'est le *Ruttler*, répondit le gardien, un beau bâtiment qui sort des chantiers de Londres, où il a été construit tout exprès pour essayer une invention du capitaine Smith.

— Et vous ne savez pas en quoi consiste cette invention?

— Non; mais il paraît qu'elle vaut mieux que les vôtres, monsieur Sauvage; car le bâtiment file comme une hirondelle, et, depuis le matin, il est encombré de visiteurs. On dit qu'il marche au moyen d'une vis qui fait l'effet de deux rames manœuvrant avec une vitesse sans pareille.

— Une vis à deux ailes; mais c'est mon hélice! s'écria le prisonnier. C'est l'hélice simple, mon invention, à moi, et non pas celle du capitaine Smith. Je veux le voir, ce capitaine; je veux lui dire qu'il n'a pas le droit d'exploiter mon idée. Allons! laissez-moi sortir.

— Je le voudrais; mais vous savez bien que c'est impossible.

— Impossible! Pourquoi donc? Quel crime ai-je commis, moi? Je n'ai volé personne, tandis que cet Anglais.... Il faut que je lui parle. Ouvrez cette porte.... Ouvrez-la, je le veux.

— Quand vous m'en prieriez à genoux, je ne l'ouvrirais pas.

— Eh bien! je sortirai par ici! reprit Sauvage en bondissant vers la fenêtre, dont il se mit à secouer les barreaux de toutes ses forces.

Le geôlier fit tout ce qu'il put pour le calmer; ce fut en vain : la raison du prisonnier avait reçu un choc dont elle ne devait point se relever. On le transporta dans un asile d'aliénés, où il mourut en 1857, sans avoir pu jouir de la justice qui lui fut enfin rendue.

Le gouvernement anglais chargea un capitaine de la marine royale de faire un rapport sur l'emploi de l'hélice. Cet officier, voulant juger en toute connaissance de cause, fit, en sept semaines, le tour de la Grande-Bretagne avec deux navires à vapeur, dont l'un était à roues, l'autre à hélice. Il s'arrêta dans les principaux ports, prit l'avis des meilleurs juges qu'il y trouva, et conclut en disant que pour la navigation sur les fleuves et les rivières, le système des roues à aubes, étant le plus rapide, devait être préféré, mais que pour les navires au long cours, et surtout pour les vaisseaux de guerre, l'hélice réunissait des avantages qui lui assuraient une grande supériorité.

Aujourd'hui l'hélice a remplacé les roues à aubes

sur presque tous les bâtiments destinés aux voyages de mer. Elle tient peu de place et n'oblige pas à donner aux navires une largeur inusitée. Placée à l'arrière, au-dessous de la ligne de flottaison, elle est à l'abri des boulets; et quelque violent que soit le roulis, elle est toujours submergée et ne tourne point à vide, comme les roues. Enfin, elle permet d'associer l'aide des voiles à la puissance de la vapeur.

Pendant les années qui suivirent la découverte de Fulton, l'enthousiasme était si grand, que la vapeur menaçait de détrôner complétement les voiles; mais on comprit, avec le temps, que l'action toute gratuite des vents ne pouvait être dédaignée sans folie, et l'on chercha les moyens de réunir ces deux forces.

On nomme bâtiments mixtes ceux qui, pourvus d'une machine à vapeur destinée à faire mouvoir l'hélice, ont en outre une voilure qui permet d'économiser le combustible, quand les vents sont favorables. L'hélice est alors démontée pour ne pas faire obstacle à la marche du navire. Quand les vents sont contraires, elle reprend son importance, et les vaisseaux ont moins à craindre les tempêtes, puisque, si les mâts sont brisés, il leur reste un excellent propulseur, tandis que si un accident quelconque vient mettre la machine à vapeur hors de service, le bâtiment peut achever la traversée à l'aide de sa seule voilure.

Dans les bâtiments mixtes, la part dévolue à la machine à vapeur et à la voilure n'est pas toujours égale ; tantôt la vapeur est l'agent principal, tantôt elle est seulement destinée à prêter son aide à l'action insuffisante des vents. Le genre de machine n'est pas non plus le même sur les vaisseaux à roues que sur les navires à hélice. Dans les premiers on se contente de la machine à condenseur telle que Watt l'a perfectionnée ; mais dans les seconds, il faut un autre système, celui-là ne pouvant fournir à l'hélice la prodigieuse rapidité avec laquelle il est nécessaire qu'elle tourne au sein de l'eau.

Les Anglais ont eu les premiers de nombreux vaisseaux à hélice. Dès que la supériorité de cet agent fut constatée, ils n'hésitèrent pas à sacrifier les roues dont la plupart de leurs bâtiments étaient munis et à s'imposer des frais énormes pour rendre ces bâtiments propres à recevoir le nouveau propulseur.

La France, longtemps en retard, comprit enfin que le soin de sa marine devait l'occuper activement. De magnifiques vaisseaux de guerre furent construits, de manière à pouvoir rivaliser avec les types les plus parfaits de la marine anglaise; mais les armateurs français, moins riches que les négociants anglais, n'ont pas donné à la marine marchande le même développement que nos voisins d'outre-mer.

En Amérique, au contraire, les bâtiments de guerre sont peu nombreux et ne méritent pas d'être comparés aux nôtres; tandis qu'il est impossible de rien voir de plus beau, de plus achevé, de plus grandiose, que leurs navires de commerce.

Toutes les mers en sont sillonnées, et sur les grands fleuves, en comparaison desquels nos fleuves de France ne sont que des ruisseaux, voguent majestueusement des bateaux à vapeur qui, par leurs dimensions, la force de leurs machines, le luxe déployé à leur intérieur, sont de véritables merveilles. Ces bateaux emmènent jusqu'à deux mille passagers, qui y trouvent tout ce qui peut charmer les heures d'un voyage très-rapide, il est vrai, mais que l'activité américaine trouve encore trop lent.

Quand deux bateaux faisant le même trajet viennent à se rencontrer, presque toujours une lutte de vitesse s'établit entre eux, comme autrefois chez nous entre les voitures publiques, dont les conducteurs distribuaient à leurs chevaux des volées de coups de fouet. Les capitaines donnent des ordres pour qu'on chauffe à toute vapeur, et souvent l'équipage et les passagers eux-mêmes, se piquant d'honneur, forment la chaîne pour activer le transport du combustible qui doit assurer le triomphe de l'un des deux navires. Personne ne se préoccupe du danger que fait courir à tous la production d'une excessive quantité de vapeur : qu'importe que la chaudière éclate ! il faut vaincre ou mourir.

Il n'y a nulle part de plus fortes machines à vapeur qu'aux Etats-Unis ; cependant, pour certaines traversées, dans lesquelles on jouit ordinairement d'un vent favorable, leurs armateurs construisent de préférence des bâtiments à voiles ou clippers, dont on admire la coupe élégante et la marche rapide.

Nos lecteurs ont sans doute entendu parler d'un gigantesque vaisseau destiné par les Anglais à transporter en Australie dix mille émigrants à la fois. Ce vaisseau, d'abord nommé *Léviathan*, puis *Grand-Oriental*, a tout à la fois des roues à aubes, une hélice et sept mâts couverts d'une puissante voilure.

Toute sa coque est en fer, précaution dont on reconnaîtra l'utilité en songeant à l'horrible détresse de cette foule de passagers, si jamais un incendie venait à éclater en mer. Huit machines à vapeur font mouvoir l'hélice et les roues; d'autres alimentent les chaudières, s'acquittent des principales manœuvres, et permettent de n'embarquer que trois cent cinquante matelots, nombre tout à fait insuffisant si le service devait se faire à bras d'hommes.

Enfin ce navire est construit de telle sorte, que, s'il venait à être brisé par quelque épouvantable catastrophe, ses diverses parties pourraient continuer à flotter, comme si chacune d'elles formait un bâtiment particulier.

Ce merveilleux vaisseau est sorti des chantiers de Milwal, près de Londres; mais c'est un ingénieur français, M. Brunel, qui en a dirigé les travaux.

VII.

La traction par la vapeur. — Georges Stephenson. — Marc Séguin.

Nous avons dit qu'en 1760, James Watt, qui était déjà un habile ingénieur, mais qui ne s'était pas encore rendu immortel en transformant la machine de Newcomen, avait été chargé par le docteur Robinson d'examiner si la traction des voitures par la vapeur était possible avec les appareils imparfaits dont on disposait alors.

Watt étudia sérieusement la question et répondit que cette application de la vapeur aurait sans doute lieu dans l'avenir, mais que pour le moment il n'y fallait pas songer. En cela, Watt faisait preuve d'autant de jugement que de savoir. « Dans l'industrie et dans les arts, dit M. Louis Figuier, il ne suffit point de se poser en face d'un problème à résoudre ; il faut savoir reconnaître, avant de l'aborder, si la science fournit les moyens de triompher des difficultés qu'il présente. Quand l'imperfection des procédés dont l'industrie dispose rend manifestement un projet irréalisable, c'est le signe d'un faux esprit que d'y persévérer. »

Joseph Cugnot, né à Void en Lorraine, fut plus hardi, ou plutôt fut moins sage que James Watt. Après avoir composé un traité sur les fortifications de campagne et inventé un nouveau modèle de mousquet, il résolut d'augmenter encore sa réputation en construisant, pour le service de l'artillerie, des chariots qu'il désigna sous le nom de fardiers à vapeur.

Il commença de s'en occuper en 1763. Son premier fardier était en voie d'exécution quand un officier suisse, nommé Planta, présenta au duc de Choiseul, alors ministre, le projet d'une voiture mue par la vapeur. Le duc, qui avait déjà reçu communication des idées de Cugnot, engagea l'étranger à le voir ; et les deux plans s'étant trouvés semblables, l'officier français fut chargé d'achever son entreprise aux frais de l'Etat.

La voiture fut essayée en présence du ministre. C'était un chariot à trois roues, dont une seulement, placée à l'avant, obéissait au mouvement de deux pistons que faisait aller et venir la vapeur d'une chaudière aussi placée à l'avant. Les deux autres roues servaient seulement de points d'appui au véhicule.

A peine fut-il en marche, que, malgré tous les efforts faits pour le diriger, il alla donner contre un mur dans lequel il ouvrit une large brèche. Il fallut le dégager et le ramener dans le bon chemin ; mais on reconnut bientôt l'impossibilité de lui faire parcourir une lieue à l'heure, comme son inventeur l'avait promis. Il marchait assez bien pendant douze à quinze minutes, après lesquelles, l'eau du générateur étant épuisée, il s'arrêtait jusqu'à ce qu'une nouvelle provision de liquide eût été suffisamment échauffée pour produire la vapeur nécessaire au jeu des pistons, et ce temps d'arrêt était à peu près égal à celui pendant lequel il pouvait avancer.

Ce n'était pas d'ailleurs sans grande difficulté que la roue motrice fonctionnait sur une route raboteuse; et l'on pouvait se demander quels services rendraient à l'artillerie des machines si imparfaites. Mais sans doute le ministre espérait que des calculs plus justes permettraient à Cugnot d'y introduire d'utiles modifications, et il l'autorisa à construire une seconde voiture à vapeur, qui fut achevée dix-huit mois après.

On attendait les ordres du duc pour en faire l'essai; mais il ne les donna point, car il fut exilé vers cette époque, et la voiture resta là jusqu'en 1798, époque où elle fut examinée par une commission de l'Académie des sciences. Les résultats de l'expérience ayant laissé beaucoup à désirer, il ne fut plus question des fardiers à vapeur, dont on peut encore voir un spécimen au Conservatoire des arts et métiers.

Quelques années seulement avant l'échec décisif de Cugnot, des essais plus raisonnables, sinon plus heureux, furent faits en Amérique par Olivier Ewans. Cet homme de génie, après avoir inventé la machine à vapeur à haute pression, entrevit la possibilité de l'appliquer à la traction des voitures. Il s'adressa aux congrès de plusieurs provinces pour obtenir le privilége de la locomotion à la vapeur sur les routes; mais on regardait partout ce projet comme une chimère, et, quoique les Américains soient très-entreprenants, il lui fut impossible de trouver des actionnaires pour l'exploitation de cette idée.

Il en adressa le plan détaillé à quelques amis qu'il avait à Londres, en les priant de lui trouver quelques associés; ce plan n'inspirant pas en Angleterre plus de confiance que dans son propre pays, il ne voulut pas cependant renoncer à la construction de la machine qu'il rêvait depuis si longtemps.

Les curieux se succédaient sans cesse dans son chantier, et tous disaient qu'il faisait une grande folie. Il y eut même un savant qui déclara, dans un mémoire publié à cette époque, que jamais ni Ewans ni personne ne réussirait à faire marcher des voitures à l'aide d'une machine à vapeur.

Malgré cette prédiction, l'année 1800 n'était pas encore achevée quand on vit circuler dans les rues de Philadelphie la voiture à vapeur d'Olivier Ewans. On admira l'invention; mais on douta des avantages qu'elle pouvait être appelée à réaliser, et l'on n'en vit que les inconvénients. Il est vrai qu'ils étaient frappants. D'abord il faut une grande puissance de vapeur, et par conséquent une grande dépense de combustible, pour faire marcher des voitures sur les routes, et il y a peu de routes assez solides pour résister au fréquent passage de ces voitures; puis les secousses qu'elles reçoivent, en s'avançant sur un sol inégal et raboteux, compromettent le jeu de la machine, et la difficulté d'en régler la marche peut occasionner de graves accidents.

Toutes ces considérations empêchèrent les spéculateurs américains de venir en aide à Olivier Ewans. Elles n'eurent pas moins de poids sur l'esprit des capitalistes anglais quand cette invention parut en Europe, sous le patronage de deux mécaniciens habiles du comté de Cornouailles, Trevitick et Vivian.

Après avoir étudié les plans d'Ewans, ils construisirent, en les modifiant quelque peu, une voiture à vapeur, qui marcha d'une manière satisfaisante, mais sans pouvoir triompher des obstacles devant lesquels le célèbre ingénieur américain s'était enfin vu forcé de reculer.

Cependant, comme ils avaient dépensé des sommes considérables avant d'arriver à ce résultat insignifiant, ils cherchaient le moyen de tirer de leurs travaux un parti quelconque, lorsque l'idée leur vint de proposer leur voiture à vapeur aux propriétaires de quelques mines de houille, pour le service desquelles on avait construit des rail-ways, c'est-à-dire des chemins à bandes de fer.

Cette idée eût sans doute fait la fortune d'Olivier Ewans ; car il existait déjà sur plusieurs points des Etats-Unis des chemins à bandes ou à ornières de fer, à peu près semblables à ceux que nous appelons encore chemins de fer américains, pour les distinguer de ceux que parcourent nos locomotives.

Ces bandes, disposées sur deux lignes parallèles, à la distance voulue pour recevoir les roues des chariots chargés de houille, permettaient aux chevaux employés dans les mines de traîner un poids trois fois plus considérable que sur les routes ordinaires.

On croit que l'usage des chemins à bandes remonte à l'an 1649. On se servit d'abord de madriers de chêne, assujettis de distance en distance par des traverses de même bois. Ces madriers s'usaient si vite, qu'on s'avisa, pour en prolonger la durée, de les recouvrir de plaques de fer. Longtemps après, on les remplaça par des barres de fonte ; mais la fonte se brisa sous le poids des énormes chariots qu'elle avait à supporter.

Il fallut, pour rendre ces ruptures moins fréquentes, répartir la charge sur plusieurs petites voitures accrochées les unes aux autres, telles que nous en voyons encore employer pour les travaux des chemins de fer.

Les bandes de fonte avaient des bords en saillie qui firent donner le nom de chemins à ornières aux voies sur lesquelles on les adaptait ; mais ces ornières s'emplissant de boue et de poussière, on y substitua des bandes plates qui s'enclavaient dans des roues à bourrelets.

Tel était l'état des rail-ways quand Trewitick et Vivian proposèrent leur machine à vapeur pour remplacer les chevaux dans les mines.

C'est donc une erreur de croire que les premiers chemins de fer aient été construits pour être parcourus par des locomotives traînant à leur suite un grand nombre de wagons chargés de voyageurs et de marchandises, puisque ce fut seulement faute de mieux, et pour ne pas tout perdre, que les deux mécaniciens anglais songèrent à faire marcher sur ces bandes métalliques les voitures à vapeur construites pour fonctionner sur les routes.

Disons encore, avant d'aller plus loin, que la dénomination de rail-ways ou de chemins à bandes, employée par les Anglais, est beaucoup plus juste que celle de chemins de fer, dont l'usage a prévalu chez nous, et que nous appliquons non-seulement à la voie ferrée, mais aux convois qui la parcourent.

Les propriétaires de mines qui adoptèrent la voiture à vapeur de Trewitick et Vivian n'eurent point à s'en repentir. Mais depuis 1804 jusqu'en 1813, on n'obtint qu'une médiocre vitesse de cette machine locomotive, parce qu'on prenait à tâche de rendre les roues et les rails très-raboteux, dans la crainte que si leurs surfaces étaient unies, les roues, manquant d'adhérence, ne vinssent à tourner sur place sans pouvoir avancer.

L'ingénieur Blackett ayant prouvé que le poids de la locomotive est assez grand pour empêcher ce mouvement inutile, le travail accompli par ces voitures à vapeur devint beaucoup plus rapide ; on polit les rails et les roues, et l'on supprima les griffes ou crampons dont ces dernières étaient armées pour mordre en dehors des rails, lorsqu'il s'agissait de gravir une pente.

On s'aperçut alors que si la chaudière fournissait une plus grande quantité de vapeur, on obtiendrait de la machine un jeu plus prompt et plus régulier.

La même année, un jeune ingénieur, dont le nom devait être un jour célèbre, Georges Stephenson, installa dans les mines de lord Rawenswoorth, près de Darmouth, une locomotive perfectionnée, qui put remorquer un lourd convoi, mais sans aller plus vite qu'un cheval de force moyenne. On avait espéré mieux, et l'on n'épargna pas les railleries à l'inventeur ; mais celui-ci, qui savait par expérience ce qu'on peut attendre de la patience et du travail, ne prit point garde aux propos des sots et des envieux.

Georges, né à Wylam, près de Newcastle, en 1781, était arrivé jusqu'à l'âge de dix-sept ans sans savoir lire. Son père, occupé en qualité de chauffeur dans une mine, ne se doutait guère de l'avenir réservé à cet enfant, dont on pouvait cependant remarquer la précoce intelligence, rien qu'à le voir examiner de tous ses yeux le jeu de la machine à vapeur, lorsqu'on lui permettait de descendre dans la houillère.

Il avait su se faire aimer de tous les mineurs par la bonne volonté avec laquelle il se chargeait de leurs commissions, et des mécaniciens par la distraction que leur donnaient sa curiosité naïve et ses réflexions toujours justes. Mais quand il fut assez fort pour gagner un médiocre salaire, on l'employa d'abord à garder les troupeaux, puis à travailler à la terre.

A quatorze ans, il rentra dans la mine comme ouvrier, et fut placé sous les ordres de son père. Il était si laborieux, si exact, si adroit, qu'il obtint bientôt quelques gratifications. Il les mit de côté pour acheter des livres ; car il commençait à sentir le prix du savoir et ne songeait qu'aux moyens de s'instruire.

Il apprit à lire par les soins d'un de ses amis, qui, plus heureux que lui, avait pu fréquenter l'école avant d'être obligé de se suffire par le travail. Georges ne tarda point à surpasser son maître. Les traités de mécanique et de mathématiques lui devinrent familiers, et plus il les lut, plus il y prit goût. La machine à vapeur, objet de son admiration enfantine, l'intéressa surtout : il en étudia l'histoire, et il sentit grandir encore son émulation quand il sut que James Watt, qui en était l'inventeur, n'avait été d'abord qu'un pauvre ouvrier comme lui.

Il était parvenu au rang de chauffeur quand une des machines employées dans la houillère fut mise au rebut. L'idée vint au jeune homme de la démonter, pour mieux se rendre compte de son organisation, qu'il ne connaissait pas encore à fond. Il l'examina pièce à pièce, et se demanda s'il ne pourrait pas la réparer. Il ne dit rien ; car cette pensée lui semblait bien présomptueuse ; mais il voulut du moins la nettoyer et la remonter, après avoir remédié de son mieux à ce qu'il y manquait.

A sa grande joie, la machine déclarée hors de service recommença de marcher ; le propriétaire de la mine, en ayant été informé, prouva généreusement sa satisfaction à l'intelligent ouvrier, et lui adressa de bonnes paroles d'encouragement. Une place de contre-maître étant devenue vacante peu de temps après, Georges Stephenson y fut nommé.

C'était pour lui une position inespérée ; mais il voulut s'en montrer plus digne encore, en continuant à étudier tout ce qui pouvait augmenter la prospérité de la houillère. La machine de Trewitick et Vivian y était en usage pour le transport du charbon ; mais elle ne donnait pas tous les résultats qu'on se croyait le droit d'en attendre. Georges en remarqua les défauts et soumit à lord Rawenswoorth le dessin d'une autre voiture à vapeur.

Le gentlemann portait beaucoup d'intérêt à ce jeune homme, si laborieux et si intelligent; il avait confiance en son génie, et il lui donna les fonds nécessaires à la construction de cette machine, qui prit la première le nom de locomotive. Elle était accompagnée d'un chariot contenant du charbon et une provision d'eau, qu'une pompe foulante, mise en mouvement par la vapeur, amenait dans la chaudière pour remplacer celle que la chaleur vaporisait.

Grâce à cette importante innovation, la locomotive n'était plus obligée de s'arrêter pendant qu'on remplissait le générateur, et qu'on donnait à l'eau nouvellement introduite la haute température nécessaire à la production de la vapeur.

Le succès, nous l'avons dit, ne fut pas complet, puisque la machine de Stephenson ne put qu'égaler la vitesse d'un cheval; mais telle qu'elle était, elle valut à son inventeur un bon associé et le titre d'ingénieur.

Pendant dix ans il construisit, en les modifiant peu à peu, un certain nombre de locomotives qui fonctionnèrent sur le chemin de fer de Darlington à Stockton. L'usage en parut si avantageux, que la compagnie houillère de Saint-Etienne et de Rive-de-Gier, en France, demanda et obtint l'autorisation de construire un chemin de fer pour le transport de ses produits.

Un ingénieur distingué, M. Séguin aîné, fut chargé de la direction des travaux du chemin et de la construction des machines à vapeur. Il fit acheter pour modèle une locomotive sortie des ateliers de Stephenson; mais il ne fut point satisfait de la vitesse qu'elle atteignit. Il comprit que cette infériorité venait de ce que la chaudière ne produisait, en un temps donné, qu'une insuffisante quantité de vapeur, et que la rapidité croîtrait avec la surface de chauffe qu'il pourrait donner à cette chaudière. Là était la difficulté ; car il ne fallait pas songer à donner de grandes dimensions au générateur d'une machine destinée à trouver place sur un chariot.

M. Séguin, après avoir mûrement réfléchi, changea la disposition de cet organe et inventa la chaudière tubulaire, dont on se sert encore aujourd'hui, et qui a fait la fortune de nos chemins de fer en donnant aux locomotives une rapidité prodigieuse.

L'ingénieur français plaça le foyer de la machine à l'arrière de la voiture, dans un espace carré d'où partaient un certain nombre de tubes métalliques, dans lesquels entraient la flamme et les gaz brûlants du foyer. Les tubes, traversant, dans le sens de sa longueur, la chaudière pleine d'eau, échauffaient promptement cette eau et produisaient une grande quantité de vapeur.

Par malheur, le tirage se trouva de beaucoup réduit par cette nouvelle disposition du foyer, et il fallut chercher un moyen de l'activer. Dans les cheminées ordinaires, c'est à la hauteur du tuyau qu'on doit la force du courant d'air qui entretient la combustion ; mais il ne fallait pas penser à élever celui des locomotives, puisqu'elles sont destinées à passer sous des voûtes. Il est vrai que certains bateaux à vapeur ont des cheminées qui se replient lorsqu'ils doivent franchir un pont ; mais ces bateaux, ayant plus d'étendue que le char de la locomotive, peuvent être surmontés d'un tuyau dont la hauteur compromettrait l'équilibre de cette dernière machine.

Après avoir longtemps cherché, M. Séguin adapta au foyer d'abord, puis à la cheminée de la locomotive, un ventilateur que la vapeur mettait en mouvement, et il put obtenir une vitesse bien supérieure à celle des machines de Stephenson. Un brevet d'invention, pris en 1829, lui assura le droit de construire des locomotives à chaudière tubulaire et à ventilateur.

Jusqu'alors les locomotives n'avaient encore circulé que sur les chemins à bandes créés pour le service des mines. Lorsqu'on vit qu'elles pouvaient se traîner elles-mêmes et remorquer un certain nombre de voitures pesamment chargées, on ne comprit pas encore à quel avenir elles étaient destinées, et leur rôle eût sans doute été longtemps obscur, sans les lenteurs qu'éprouvait en Angleterre le transport des marchandises, soit par terre, soit par eau.

Les routes étaient en si mauvais état, le roulage si mal organisé, que, pour y remédier, quelques spéculateurs habiles avaient creusé des canaux sur lesquels ils avaient établi des bateaux faisant un service plus prompt et plus consciencieux. La cherté excessive des transports diminua par la concurrence; mais les entrepreneurs du roulage par terre finirent par entrer en arrangement avec les propriétaires des canaux, et les deux compagnies profitèrent de leur réunion pour rançonner les commerçants.

Les anciens tarifs furent remis en vigueur, et bientôt on ne s'en contenta plus. Des plaintes éclatèrent de toutes parts, non-seulement contre ces exigences, mais aussi contre la négligence avec laquelle le service des transports était fait. On ne voyait point de remède à ce mal. Mais le nombre des mécontents croissant chaque jour, quelques-uns d'entre eux, plus avisés que les autres, se demandèrent pourquoi l'on ne créerait pas entre les villes les plus industrieuses des chemins à bandes, sur lesquels, grâce à la machine locomotive, le transport des marchandises pourrait s'opérer avec plus d'économie et de régularité.

L'idée se propagea peu à peu ; on la discuta dans plusieurs assemblées publiques, et l'on décida enfin, en 1826, qu'un de ces chemins serait établi entre Liverpool et Manchester, villes très-commerçantes éloignées l'une de l'autre de vingt kilomètres.

Dès que cette décision fut connue, les propriétaires des canaux entrevirent la ruine qui les menaçait, et ils mirent tout en œuvre pour la conjurer. Ils abaissèrent leurs tarifs, rétablirent l'ordre et la célérité dans les transports, et employèrent auprès du gouvernement l'influence que leur assuraient d'immenses richesses et de puissants amis pour empêcher que l'autorisation de construire un chemin de fer ne fût accordée.

Ils ne réussirent qu'à en retarder de quelques mois les travaux ; mais pendant tout le temps que durèrent ces travaux, ils ne cessèrent de les décrier et d'en nier le succès. Puis, lorsqu'ils les virent presque achevés, ils s'efforcèrent d'inspirer au public une grande terreur de la locomotive et ne cessèrent de répéter, sous toutes les formes, qu'il n'y aurait que les fous qui se confieraient à la force brutale de la vapeur. « Autant vaudrait, disaient-ils, conseiller aux habitants de Wolwick de servir de cible aux essais des canons à la congrève. »

La compagnie du chemin de fer les laissa dire. Georges Stephenson, qu'elle avait d'abord consulté sur la possibilité d'établir ce chemin, ayant consenti à se charger d'en diriger les travaux, elle comptait sur le talent de cet habile ingénieur.

Il fit passer la voie ferrée à travers un marais dont le remblai coûta plus de 600,000 fr. ; mais, malgré les difficultés qu'il rencontra, malgré les railleries auxquelles il ne cessa d'être en butte, les terrassements furent bientôt achevés, et il fallut songer à la machine qui serait appelée à parcourir ce chemin.

La compagnie envoya des commissaires dans toutes les mines où la locomotive était en usage, et, ne sachant, d'après leur rapport, à quel genre donner la préférence, ou plutôt ne voyant rien qui pût convenir, elle eut l'heureuse idée d'offrir une somme considérable et la fourniture des machines et des voitures au constructeur dont la locomotive remplirait le mieux les conditions du programme, qu'elle eut soin de publier six mois avant l'ouverture du concours, fixée au 6 octobre 1829.

Cinq machines furent présentées. La première qu'on essaya sortait des ateliers de Georges et Robert Stephenson. Georges s'était depuis quelque temps associé son fils, auquel il avait fait faire d'excellentes études, et dont la réputation égalait déjà la sienne.

La *Fusée* — tel était le nom de la locomotive Stephenson — eut un si remarquable succès, que, dès les premières expériences, les autres constructeurs renoncèrent à disputer le prix. Cette machine, remorquant un lourd convoi, parcourut dix-huit kilomètres à l'heure ; et sa vitesse fut encore de seize kilomètres en gravissant une rampe que beaucoup regardaient comme un obstacle insurmontable. Une fois débarrassée de sa charge, la *Fusée*, traînant seulement une voiture sur laquelle cinquante personnes avaient pris place, atteignit une rapidité de quarante kilomètres.

Stephenson, comblé d'éloges, fut nommé ingénieur en chef du chemin de fer et chargé de la construction du matériel roulant. Il prit la *Fusée* pour modèle de ses machines ; mais ce ne fut pas sans y introduire encore d'utiles modifications.

Il est juste de dire que la locomotive des Stephenson devait sa rapidité à l'adoption faite par ces habiles ingénieurs de la chaudière tubulaire de M. Séguin. Ils portèrent à vingt-cinq seulement le nombre des tubes ; mais pour activer le tirage, ils n'eurent pas besoin d'emprunter au constructeur français le ventilateur mécanique. Georges avait trouvé quelque chose de mieux que cet appareil, qui embarrassait la machine. Soit qu'il sût que d'anciens architectes avaient indiqué l'introduction d'un jet de vapeur dans les cheminées pour les empêcher de fumer, soit qu'il eût été conduit à cette découverte par ses propres essais, il avait muni ses premières locomotives d'un tuyau d'échappement qui conduisait dans la cheminée la vapeur devenue inutile, après avoir agi sur les pistons.

La vapeur, en se dilatant, chasse la fumée au dehors ; et comme elle se condense aussitôt, elle y opère un vide qui y détermine un rapide courant d'air, encore augmenté par la vitesse de la machine. Un autre avantage résulte encore de cette disposition : c'est que la cheminée de la locomotive, incessamment balayée par la vapeur, ne s'encrasse jamais.

La création du chemin de fer de Liverpool à Manchester fut bientôt suivie de celle du chemin de Liverpool à Londres ; toutefois, la crainte inspirée par cette puissante machine empêcha longtemps encore les voyageurs de se risquer sur les voies ferrées. Il fallut, pour détruire ces appréhensions exagérées, que la reine donnât l'exemple du courage et le mît à la mode.

Georges Stephenson jouit de la reconnaissance de ses concitoyens, qui, de son vivant même, lui élevèrent une statue. Il jouit surtout des succès de son fils, qui fut chargé de l'établissement de la plupart des chemins de fer dont la Grande-Bretagne est sillonnée.

L'ancien ouvrier mineur passa ses dernières années dans une jolie maison de campagne, cultivant lui-même son jardin et obtenant des prix pour ses beaux fruits, comme il en avait obtenu pour ses ingénieuses machines. Il mourut en 1848, à l'âge de soixante-sept ans.

VIII.

La Locomotive.

Il n'y a peut-être pas un de nos jeunes amis qui n'ait profité de ses vacances pour faire quelques excursions en chemin de fer. Les voyages sont presque toujours la récompense promise aux écoliers studieux, et Dieu sait combien de fois cette séduisante perspective a ranimé leur courage ou stimulé leur ardeur.

Mais si quelques-uns d'entre eux n'ont jamais

joui du plaisir de se sentir rapidement entraînés par ce coursier aux puissantes allures qu'on appelle une locomotive, tous ont vu passer les trains, entendu siffler la bruyante machine, et tous ont éprouvé, j'en suis sûr, le désir de savoir comment elle peut non-seulement marcher seule, mais encore entraîner dans sa course une longue suite de wagons remplis de voyageurs ou de marchandises.

Nous allons essayer de satisfaire cette curiosité bien légitime, que nous avons nous-même partagée, et dont bien peu de voyageurs sont exempts, quoiqu'il ne s'en trouve qu'un bien petit nombre qui soient en état de répondre aux questions que nos lecteurs pourraient leur adresser là-dessus.

Il faut en excepter, bien entendu, les hommes spéciaux, les ingénieurs, les mécaniciens, les constructeurs, et tous les amis de la science; car ceux qui tiennent réellement à s'instruire ne reculent pas devant quelques heures d'étude, tandis que le vulgaire éprouve le désir de savoir sans prendre la peine de lire avec attention les livres sérieux qui expliquent les merveilles dont il s'étonne.

Nous avons vu, par l'histoire de la locomotive, que, comme la machine à vapeur, elle n'a point été créée d'un seul jet, mais qu'elle a été le produit des recherches, des travaux de plusieurs savants, et qu'il a fallu bien des années pour l'amener au degré de perfection qu'elle possède aujourd'hui.

Un auteur du siècle dernier, cité par M. Guillemin dans son livre ayant pour titre : *Simple Explication des Chemins de fer*, disait, en parlant de la machine à vapeur : « Voilà la plus merveilleuse de toutes les machines ; le mécanisme ressemble à celui des animaux. La chaleur est le principe de son mouvement ; il se fait dans ses différents tuyaux une circulation comme celle du sang dans les veines, ayant des valvules qui s'ouvrent et se ferment à propos ; elle se nourrit, s'évacue elle-même dans des temps réglés, et tire de son travail tout ce qu'il lui faut pour subsister. »

« C'est surtout à la locomotive, dit M. Guillemin, qu'on pourrait appliquer ces paroles. » Et il ajoute, en continuant la comparaison : « Cette admirable machine va, vient, se meut avec une aisance et une docilité sans pareille. Sa force musculaire est prodigieuse, et sa rapidité atteint, pour ainsi dire, celle du vent le plus impétueux. La noble bête consomme beaucoup, sans doute ; mais sa nourriture est prise aux entrailles de la terre ; elle respire, mais l'air qu'exhalent ses poumons est une vapeur embrasée ; elle boit, mais l'eau qu'elle engloutit dans son vaste estomac de bronze, sort de son corps en fumée ; ses muscles sont de fer et d'acier, ses jambes des cercles aux cent pattes mobiles ; sa voix est tantôt le sifflement du serpent, tantôt l'âpre mugissement du tigre. Quand, après avoir dévoré l'espace, elle a fourni sa course rapide, elle rentre, comme un coursier fatigué, dans son écurie, où l'attend un court repos. Nettoyée, alimentée, embellie, elle en sort bientôt étincelante, prête à recommencer, le jour et la nuit, ses utiles travaux. »

La comparaison de la locomotive à un animal vivant est si naturelle, que les enfants eux-mêmes la font. Un petit garçon de quatre ans racontait un jour qu'il avait vu, sur le chemin de fer, un grand cheval noir sans jambes, qui avait du feu dans le ventre et qui traînait, en soufflant bien fort, beaucoup de voitures. Ce grand cheval, si différent des autres, l'avait tellement frappé, qu'il en parlait à chaque instant, avec une certaine frayeur à laquelle se mêlait toutefois un vif désir de faire plus ample connaissance avec le fantastique animal.

La locomotive se compose de trois parties principales : la chaudière, avec son foyer et sa cheminée ; la machine proprement dite, ou le mécanisme moteur ; le cadre ou voiture, qui porte les deux autres parties, et qui se meut sous l'action que la vapeur lui communique.

La chaudière, destinée à produire la vapeur, se nomme, pour cette raison, générateur. Elle se compose d'abord d'un grand cylindre couché sur la voiture, dont il occupe presque toute la longueur. Ce cylindre est la chaudière proprement dite, qui est terminée à l'arrière par le foyer et à l'avant par la cheminée, dont la base carrée est appelée boîte à fumée, par opposition au foyer, qu'on appelle boîte à feu.

Dans les premières locomotives, la chaudière était cylindrique comme aujourd'hui ; mais elle n'était traversée que par un seul tube, destiné tout à la fois à échauffer l'eau et à conduire la fumée dans la cheminée.

Mais, comme nous l'avons dit, M. Marc Séguin, jugeant avec raison que l'eau de la chaudière, lentement échauffée, ne pouvait produire qu'une quantité de vapeur trop faible pour assurer à la locomotive la rapidité désirable, remplaça ce tube unique par vingt-cinq petits tuyaux de cuivre, qui, donnant passage à la flamme, échauffaient beaucoup plus promptement l'eau dont ils étaient baignés.

Charles Dallery, cet habile mécanicien qui faillit devancer Fulton dans la construction des bateaux à vapeur, avait eu l'idée de faire circuler la flamme du foyer autour d'un certain nombre de tubes pleins d'eau. Marc Séguin fit précisément le contraire, en laissant les tubes vides et en leur faisant parcourir dans toute sa longueur la chaudière suffisamment approvisionnée.

Nous ne disons pas la chaudière pleine d'eau ; car il faut que la vapeur trouve de l'espace pour s'y développer, avant de se rendre dans les organes sur lesquels elle doit agir.

Les vingt-cinq tubes de M. Séguin ont été portés à cinquante, puis à cent, et vont, dans certaines machines, jusqu'à trois cents. Ils ont de trente à cinquante millimètres d'ouverture et font ressembler à une écumoire la plaque du foyer et celle de la boîte à fumée, avec lesquelles ils communiquent en traversant la chaudière, qui s'étend entre ces deux plaques.

Le foyer est une boîte rectangulaire placée en

avant de la galerie où se tiennent le mécanicien et le chauffeur. Cette boîte est formée d'une double muraille de très-forte tôle, et coupée dans sa hauteur en deux parties inégales, séparées par une grille de fer, à barreaux mobiles, sur laquelle on place le combustible.

Le fond de la boîte ou le cendrier est ordinairement incliné d'arrière en avant, et forme une espèce de gueule par laquelle l'air s'engouffre avec une rapidité d'autant plus grande, que la locomotive marche plus vite. Cette disposition active encore le tirage de la cheminée et par conséquent la production de la vapeur ; car il ne faut pas oublier que plus il se produit de vapeur, plus grande est la vitesse imprimée aux pistons, qui donnent le mouvement à la locomotive.

Un fort tirage et une grande surface de chauffe, voilà les conditions qui, réunies par la chaudière tubulaire de Marc Séguin et le tuyau soufflant de Georges Stephenson, ont fait le succès des chemins de fer.

On n'a donc rien négligé de ce qui peut contribuer au rapide développement de la vapeur ; ainsi la boîte à feu, formée de deux fortes murailles de tôle, est en contact avec l'eau de la chaudière.

Les nombreux tubes qui partent de la plaque du foyer et se rendent dans la boîte à fumée occupent à peu près la moitié de la hauteur de cette chaudière, à laquelle on donne souvent, à cause de sa forme, le nom de corps cylindrique. Ils sont recouverts par l'eau, qui doit aussi s'élever un peu au-dessus de la partie supérieure du foyer.

Non-seulement ces tubes parcourus par les gaz enflammés du foyer échauffent promptement l'eau et lui font produire une grande quantité de vapeur, mais encore ils offrent sous le rapport de la sécurité un avantage non moins précieux. Si la vapeur venait à presser trop fortement les parois de la chaudière, et qu'un danger fût à craindre, ce ne seraient pas ces solides parois qui céderaient à son effort ; les tubes, qui sont beaucoup plus minces, crèveraient d'abord, et l'eau, s'engouffrant par ces brèches, irait éteindre le coke ou la houille entassée sur la grille.

Au-dessus du foyer, c'est-à-dire à l'arrière de la voiture, s'élève le dôme ou réservoir de vapeur, qui fait corps avec la chaudière, et dans lequel s'amasse, comme son nom l'indique, la vapeur produite par l'ébullition de l'eau. Un large tube y prend la vapeur, et, traversant la chaudière dans sa partie supérieure, se partage ensuite en deux branches, qui vont aboutir, de chaque côté de la voiture, dans les cylindres où se meuvent les pistons.

Ce tube, qui parcourt la chaudière dans toute sa longueur, est percé d'ouvertures par lesquelles entre la vapeur, et ces ouvertures sont placées sur la face opposée au liquide pour que les gouttes d'eau soulevées par une violente ébullition n'y puissent pénétrer. Avant de se répartir dans les deux tubes qui la portent aux cylindres, la vapeur arrive près de la cheminée, dans un petit espace ordinairement en forme de dôme ; on débouche le tuyau de prise de vapeur, et de chaque côté duquel se trouve l'ouverture d'un des deux tubes distributeurs.

Mais il ne suffit pas que la vapeur pénètre, par sa puissance d'expansion, dans les cylindres où elle doit faire jouer les pistons; il faut pouvoir s'opposer complètement ou en partie, selon les nécessités du moment, à l'introduction de cette vapeur. Si l'on ne possédait pas ce moyen, la locomotive, une fois en marche, continuerait sa course jusqu'à ce que, le feu étant éteint et l'eau refroidie, la vapeur cessât de se produire.

On comprend quels inconvénients et quels dangers résulteraient de cet état de choses. Ils sont tels, que l'homme aurait été forcé de renoncer aux avantages que présente l'emploi d'une telle puissance, s'il n'avait pu parvenir à la dominer. Mais il y est arrivé par l'invention du régulateur.

Il y a plusieurs sortes de régulateurs. Celui qu'on nomme régulateur à papillon consiste en un disque circulaire mobile, percé d'ouvertures correspondant à d'autres ouvertures exactement semblables, pratiquées dans un disque immobile. Quand ces ouvertures se rencontrent, elles donnent entrée à la vapeur dans le tube qui longe la chaudière; et comme elles sont calculées de manière à ce que le disque présente autant de vide que de plein, quand le vide du disque mobile correspond au plein du disque immobile, le passage est intercepté.

Voilà pour le tuyau de prise de vapeur; mais ce n'est pas tout. Chacun des deux tubes par lesquels la vapeur passe pour se rendre aux cylindres, dont elle fait agir les pistons, peut être fermé entièrement ou en partie par le glissement d'un tiroir que le mécanicien fait mouvoir à l'aide d'une tringle à manivelle.

Les cylindres, invariablement au nombre de deux, sont les organes essentiels du mouvement. Ils sont placés, soit horizontalement, soit dans une direction un peu inclinée, de chaque côté de la chaudière, tantôt en dehors, tantôt en dedans du train de roues ; ce qui fait dire que la machine est à cylindres extérieurs ou à cylindres intérieurs.

Nous avons assez parlé des cylindres et des pistons auxquels ils servent d'étui, pour que nos lecteurs se rendent compte du rôle que jouent ces pistons, sous l'action de la vapeur.

Le tube qui amène la vapeur dans chacun de ces cylindres débouche dans une espèce de caisse, mise en communication avec l'intérieur du cylindre par deux conduits que la manœuvre d'un tiroir ouvre et ferme alternativement de manière à pousser le piston d'avant en arrière et d'arrière en avant. Ce mouvement alternatif du tiroir est exécuté par la vapeur, la tige du tiroir étant liée à celle du piston par un mécanisme qui ouvre passage à la vapeur du côté par lequel il faut que cette puissance motrice chasse vers l'autre le piston arrivé au bout de sa course.

La même chose a lieu dans les deux cylindres ; mais, par une disposition particulière, les pistons qui glissent dans ces deux cylindres occupent des positions opposées, leurs mouvements s'exécutant toujours en sens contraire.

Quand la vapeur a produit son effet, c'est-à-dire quand elle a poussé le piston d'un bout à l'autre de sa course, elle sort du cylindre de gauche et de celui de droite par deux conduits d'échappement, dont la réunion forme le tuyau soufflant, qui débouche dans la cheminée pour la nettoyer et en activer le tirage.

La cheminée est en outre presque toujours munie, à sa partie supérieure, d'un écran qu'on peut lever ou abaisser, et de deux feuilles mobiles dont le rapprochement diminue à volonté l'orifice du tuyau. En général, on donne à l'ouverture de la cheminée une surface égale aux trois quarts de celle qu'occupent les trous des tubes dans la plaque de la boîte à feu.

Disons maintenant comment le mouvement de va-et-vient du piston peut, en faisant tourner les roues de la voiture qui porte la machine, résoudre le problème de la traction par la vapeur.

Chaque piston est attaché à une tige qui traverse le fond du cylindre et se meut dans une rainure au moyen de deux glissières fixées à son extrémité. Cette tige s'adapte à un grand levier de fer forgé, qu'on nomme bielle, qui lui-même agit sur un bouton fixé à la roue motrice correspondante, à une distance calculée de l'essieu, ou centre de cette roue.

Le mouvement alternatif du piston se communique par la bielle à la roue motrice, qui fait alors l'office de volant et qui entraîne les autres roues, dont la seule fonction est de servir de point d'appui à la machine.

Chaque locomotive a ordinairement trois paires de roues ; celles du milieu seulement sont appelées roues motrices, parce qu'elles reçoivent l'action directe de la vapeur. Celles de l'avant sont accouplées aux roues motrices par des bielles, et ont le même diamètre; celles de derrière sont indépendantes et plus petites.

Les deux bielles qui transmettent aux roues motrices le mouvement du piston sont disposées de manière à ce que l'une d'elles soit au point le plus fort de sa course, tandis que l'autre est au point le plus faible, autrement dit le point mort. Cette disposition rend le mouvement uniforme et régulier.

Les roues sont fixées à l'essieu, qui tourne avec elles, tandis que dans les voitures ordinaires les roues tournent autour de l'essieu, qui est immobile. Si l'on suivait ce dernier système dans la construction des locomotives, les roues ne conserveraient pas toujours leur position verticale et seraient sujettes à dérailler. En évitant ce danger, on devait rencontrer un autre inconvénient : les roues fixées à l'essieu ne peuvent décrire des courbes trop prononcées, et les constructeurs des chemins de fer sont obligés de faire faire à ces chemins de longs détours, auxquels ne s'astreignent point les voitures ordinaires.

Il y a des locomotives qui ont quatre et même cinq paires de roues. Le nombre n'ajoute rien à la vitesse, et c'est dans les locomotives faisant le service des marchandises que ce nombre est le plus grand. Il n'en est pas de même du diamètre. Chaque tour de roue correspondant à un mouvement du piston, il est évident que plus les roues seront grandes, plus elles dévoreront d'espace en un seul tour.

C'est aux machines des trains express que sont réservées les roues les plus développées ; les plus petites sont pour les convois de marchandises, et celles de moyenne taille pour les trains mixtes.

Tous les voyageurs ont pu remarquer que la locomotive ne marche pas toujours en avant. Il arrive quelquefois qu'elle recule, plus ou moins longtemps, suivant les exigences du service. Il est impossible de la faire retourner comme on retourne les voitures attelées de chevaux ; ce mouvement de recul est donc le seul qui soit permis. Le mécanicien l'effectue en renversant la vapeur, c'est-à-dire en la dirigeant en sens inverse contre les deux faces du piston, à l'aide d'un ingénieux appareil qu'on appelle coulisse de Stephenson, du nom de son inventeur.

Cette coulisse sert encore à réaliser une économie de combustible, en permettant d'utiliser la force de dilatation que possède la vapeur, et qu'on nomme détente. On accroît cette force en maintenant la vapeur à la plus haute température quand il faut, pour éviter des accidents, augmenter la vitesse d'un train en retard, ou quand il s'agit de gravir une rampe sur des rails rendus glissants par l'humidité du temps.

Quand la vapeur arrive à un degré de tension dangereux pour la machine, les soupapes de sûreté font leur office en lui donnant issue.

Chaque locomotive est ordinairement pourvue de deux soupapes de sûreté, presque toujours placées au-dessus du foyer. Nous avons déjà dit que c'est à Denis Papin qu'on doit l'invention de cet appareil, grâce auquel de terribles catastrophes ont été souvent évitées. Il consiste en un tampon métallique fermant exactement l'orifice d'un tube qui plonge dans la partie de la chaudière appelée dôme de vapeur.

Ce tampon est maintenu par un levier auquel est attaché un poids, calculé de manière à pouvoir résister, jusqu'à une certaine limite, à la pression de la vapeur. Quand cette limite est dépassée et que le danger commence, la vapeur ouvre la soupape et s'échappe en dehors. Un seul de ces appareils suffirait donc pour assurer la chaudière contre l'explosion ; mais, en vertu des règlements des chemins de fer et des bateaux à vapeur, chaque machine doit avoir deux soupapes de sûreté, dont l'une, enfermée sous clef dans une boîte, est ouverte à sa partie supérieure pour laisser échapper la vapeur.

Cette précaution, qui n'est pas toujours prise, dit-on, a été motivée par l'imprudence de certains mécaniciens qui, pour obtenir une plus grande vitesse, se permettaient d'ajouter un poids à celui que porte le levier de la soupape, exposant ainsi les voyageurs et s'exposant eux-mêmes aux plus grands périls.

Le sifflet à vapeur, dont tout le monde connaît les accents aigus, est placé près des soupapes de sûreté. Il sert à donner le signal du départ et celui de l'arrivée aux diverses stations. Il avertit le garde-frein de serrer ou de desserrer l'appareil qui lui est confié; il indique à l'aiguilleur la voie qu'il veut prendre; enfin il demande du renfort ou du secours.

Voilà pourquoi les modulations du sifflet sont différentes; elles constituent un langage connu de ceux à qui elles s'adressent, et leur transmettent des ordres qu'ils doivent s'empresser de suivre.

Un seul coup de sifflet, s'il est prolongé, recommande l'attention; s'il est bref, il ordonne de desserrer les freins. Deux coups secs signifient, au contraire, qu'il faut les serrer. Plusieurs coups très-prolongés dans le voisinage des dépôts de locomotives sont un appel de renfort. Trois coups prolongés que le mécanicien fait entendre en s'approchant d'un point où la route se bifurque, annoncent qu'il veut aller à droite ; un seul coup, qu'il va prendre à gauche.

S'il y a beaucoup de brouillard, si la nuit est sombre, ou s'il y a lieu de craindre que la voie ne soit pas parfaitement libre, le sifflet déchire à des intervalles très-rapprochés les oreilles des voyageurs. Il en est de même en tout temps quand le train arrive près d'une station, d'un tunnel, d'une courbe ou d'un passage à niveau ; mais on aurait tort de s'en plaindre : il vaut mieux prendre des précautions inutiles que d'en négliger une seule qui puisse être nécessaire.

Le sifflet consiste en une cloche de bronze, placée sur une espèce de coupe qui communique par un tube avec la chaudière. Entre les bords de la cloche et ceux de la coupe règne une étroite ouverture, par laquelle la vapeur s'échappe, après avoir vivement fait résonner le timbre. Un robinet adapté au tube par lequel monte la vapeur, sert, au moyen d'un levier placé sous la main du mécanicien, à en ouvrir ou à en fermer l'entrée.

Les trains de voyageurs et les trains de marchandises ont des sifflets de forme et de dimension différentes, qui permettent aux employés de distinguer à quelle catégorie ces trains appartiennent.

On remarque encore sur la locomotive plusieurs robinets qui servent à vider la chaudière, à graisser ou à nettoyer les cylindres, et d'autres appelés robinets d'épreuve, à l'aide desquels on s'assure de la hauteur de l'eau dans la chaudière. Un autre indicateur, qui consiste en un tube de cristal dans lequel l'eau se tient exactement au même niveau que dans la chaudière, suffirait pour indiquer de quelle importance est cette partie du service, si l'on ne savait que l'action de la chaleur sur les parois du générateur, laissées imprudemment à sec, en amènerait inévitablement la rupture.

La chaudière n'est pas aussi grande qu'elle le paraît. Pour se faire une juste idée de sa capacité, il faut se rappeler qu'elle est occupée en grande partie par le tuyau de prise de vapeur, qui, partant du dôme ou réservoir placé au-dessus du foyer, la traverse horizontalement, et par les nombreux petits tubes qui la parcourent aussi dans toute sa longueur, en partant de la boîte à feu pour aboutir à la boîte à fumée.

Ce qui contribue encore à faire supposer de grandes dimensions à la chaudière, c'est qu'elle est recouverte d'une enveloppe en bois, qui non-seulement lui donne une forme plus élégante, mais encore, en l'empêchant de se refroidir sous l'influence de l'air extérieur, contribue à l'économie du combustible et à la production de la vapeur.

Nous avons tous vu, debout, à l'arrière de la locomotive, deux hommes dont le visage noirci ferait peur aux enfants, mais que les voyageurs réfléchis doivent regarder avec un certain respect ; car c'est à eux qu'ils confient leur vie, lorsqu'ils prennent place dans un wagon.

Ces deux hommes, c'est le mécanicien et son

aide, le chauffeur. Le mécanicien doit être le maître de sa machine, c'est-à-dire pouvoir la diriger, en activer, en ralentir la marche, ne pas perdre son sang-froid, si quelque obstacle surgit sur la route, si quelque accident imprévu se déclare. Il faut qu'il sache prendre sans hésitation les mesures propres à conjurer le danger ou du moins à en diminuer les fâcheuses conséquences. Il doit d'ailleurs, avant d'atteler la locomotive au train, s'être assuré que toutes les parties en sont intactes, que ses organes fonctionnent librement. Le foyer, les tubes, les cylindres, les pistons, le régulateur, les tiroirs, les appareils de sûreté, tout doit être de sa part l'objet d'un minutieux examen ; et si la moindre réparation lui paraît utile, il serait coupable de la remettre au lendemain.

Il faut qu'il ait autant d'intelligence et de courage que de savoir, qu'il soit sobre, laborieux, vigilant, et qu'il jouisse en outre d'une santé assez robuste pour que les fatigues de son métier ne puissent jamais l'abattre au point de lui ôter la sûreté de coup d'œil et la liberté d'esprit qui lui sont indispensables. Il est roi sur sa machine, comme le capitaine de vaisseau sur son bord ; la vie des voyageurs est entre ses mains; et pour que son service ne laisse rien à désirer, il faut que, comprenant cette responsabilité, il se croie engagé par son honneur et sa conscience à s'acquitter des devoirs qu'elle lui impose.

IX.

Les Chemins de fer.

La locomotive en marche est accompagnée d'un chariot d'approvisionnement, qu'on nomme tender et qui en est le complément obligé. Quelquefois la locomotive et son tender sont liés l'un à l'autre d'une manière fixe; d'autres fois la locomotive porte elle-même sa provision de combustible et d'eau, ainsi que les ustensiles nécessaires au service. On la nomme alors locomotive-tender. Plus souvent le tender est indépendant et s'accroche par une forte chaîne et une barre d'attelage à la machine qu'il doit alimenter.

Le chauffage ordinaire est le coke, c'est-à-dire la houille dont on a extrait le gaz, et qu'on a même pris la précaution de laver et de débarrasser de ses impuretés avant cette extraction. On chauffe cependant à la houille les machines destinées à remorquer les convois de marchandises; mais elle donne beaucoup de fumée; et pour peu qu'elle soit grasse, elle empêche le tirage de la cheminée. On se sert aussi de houille menue, réunie en petites briques. Mais pour les trains de voyageurs, le coke seul est en usage. Il y a même des locomotives pour lesquelles le coke de première qualité est absolument nécessaire.

Le tender porte au départ une charge de coke qui varie entre mille et trois mille kilogrammes, selon la longueur du trajet à parcourir. Ce combustible est entassé dans un espace en forme de fer à cheval, qu'entoure la caisse à eau.

Les parois de cette caisse sont en forte tôle. Elle

contient de cinq mille à huit mille litres d'eau, toujours selon l'étendue de la course que la machine doit fournir. La qualité de l'eau influe beaucoup sur la durée de la chaudière qu'elle alimente. Quand l'eau est chargée de sels calcaires, elle encrasse promptement les parois des tubes et les murailles du foyer. Elle les couvre d'une rouille qui les ronge, quelque soin qu'on prenne de les en débarrasser après chaque voyage.

Ce soin et celui du nettoyage de toute la machine regardent le chauffeur, lorsque la locomotive est au repos; et quand elle marche, son emploi est de puiser dans le tender le coke nécessaire à l'entretien du foyer et de surveiller la manœuvre des freins.

Il importe que l'eau qui doit alimenter la chaudière ne contienne ni sable, ni gravier, ni aucun objet étranger, capable de nuire au jeu des pompes alimentaires. C'est pour cette raison que l'eau n'est introduite dans la caisse du tender qu'en passant à travers un cône en cuivre rouge percé d'une multitude de petits trous. L'ouverture de cet entonnoir se recouvre ensuite d'une plaque métallique, qui empêche la poussière ou les menus fragments de coke d'y pénétrer. Quelques locomotives ont deux de ces cônes, tous deux placés à l'arrière de la caisse à eau.

Les tuyaux d'aspiration de la chaudière sont à l'arrière de la locomotive et communiquent avec cette caisse au moyen de soupapes qui donnent accès au liquide.

Le cadre du tender est en bois ou en tôle, porté sur quatre et quelquefois sur six roues, munies d'un frein qui en diminue au besoin la vitesse.

Les freins doivent être classés parmi les appareils de sûreté. Ils servent à modérer la marche du train, d'abord chaque fois qu'il approche d'une des stations où il doit prendre ou laisser des voyageurs ou des marchandises, puis quand un signal indique au mécanicien que la voie est occupée par quelque autre train en retard, ou quand un obstacle quelconque oblige la locomotive à modérer son allure ou à s'arrêter au plus vite.

Disons tout de suite qu'il ne faut pas songer à arrêter immédiatement un train en marche. C'est en vain que le mécanicien supprime l'entrée de la vapeur dans les cylindres, en vain qu'il éteint le feu et qu'il ordonne de serrer les freins; le train continue d'avancer par le fait seul de la vitesse acquise, et cette vitesse ne diminue que peu à peu.

Bien des projets prétendant indiquer le moyen d'arrêter instantanément la locomotive ont été présentés aux ingénieurs des chemins de fer; mais il est prouvé que si cet arrêt immédiat pouvait avoir lieu, ce qui n'est pas, il aurait pour les voyageurs les plus funestes conséquences; car il produirait un choc assez violent pour réduire en pièces la machine et les wagons.

Un ingénieur des mines, M. Gentil, a calculé que ce choc équivaudrait à une chute de la hauteur d'un quatrième étage, en supposant que le train fût animé d'une vitesse de soixante kilomètres à l'heure.

Il est donc impossible au mécanicien qui voit un malheureux errant sur la voie, ou un fou se précipitant vers les rails, de les empêcher d'être broyés.

Tout ce qu'on a pu obtenir jusqu'à présent des freins les plus perfectionnés, c'est de ralentir assez la marche pour que la locomotive s'arrête à deux ou trois cents mètres du point où l'arrêt a été reconnu nécessaire. Avec les freins ordinaires, la machine parcourt encore près d'un kilomètre.

Les freins ne sont pas d'invention nouvelle. Avant d'être appliqués aux trains des chemins de fer, ils l'étaient aux diligences, aux voitures de maître, aux chariots, à tous les véhicules dont on jugeait utile de modérer la vitesse sur les pentes un peu rapides. Le conducteur fait mouvoir une mécanique à l'aide de laquelle un sabot en bois ou en fer s'applique contre les roues et les serre de manière à les empêcher de tourner. Elles ne font plus que glisser sur la route, et ce frottement suffit pour diminuer la vitesse que la pesanteur avait imprimée à la voiture.

On n'a pu trouver un meilleur système d'enrayement pour les trains emportés par la vapeur. Le tender est, nous venons de le dire, muni d'un frein, que le chauffeur est chargé de manœuvrer, et qui agit sur les deux ou sur les trois paires de roues de ce chariot. Il faut en outre qu'un wagon sur sept ait aussi un frein ; et si la vitesse est plus qu'ordinaire, c'est un wagon sur quatre ou cinq qui doit être pourvu de cet appareil.

Un employé spécial, appelé garde-frein, a la manœuvre de cet appareil. Il se tient sur celui des wagons où se trouve le frein, et le fait agir au moyen d'un bras de levier placé à sa portée. Quand deux coups de sifflet secs et stridents se font entendre, il se hâte de serrer les freins, c'est-à-dire d'exécuter le mouvement qui doit presser contre les roues de cette voiture les sabots de bois destinés à en ralentir la course. Ce mouvement se transmet au frein suivant par une tige de fer articulée au bras d'un levier semblable au premier. Il laisse les sabots dans cette position jusqu'à ce qu'un même coup sec, mais isolé, lui ordonne de desserrer les freins, c'est-à-dire de faire agir le levier en sens contraire, pour que les sabots, se rapprochant, permettent aux roues de tourner de nouveau.

Des réservoirs ou grues hydrauliques, au tuyau desquels s'adapte un long boyau de cuir, servent à remplir la caisse à eau du tender. Ils sont ordinairement de la même contenance que cette caisse ; et comme ils sont placés en plein air, on remarque à leur base un calorifère dans lequel on brûle, en hiver, du charbon de rebut pour que l'eau qu'ils renferment ne gèle pas. On réchauffe souvent aussi celle du tender au moyen de tuyaux qui y conduisent la vapeur inutile à la locomotive.

Les roues de la locomotive, du tender et des wagons, sont immobiles autour de l'essieu. C'est l'essieu lui-même qui tourne et les fait tourner avec lui.

Les essieux sont forgés avec le plus grand soin ; le moindre défaut doit les faire rejeter, car il suffirait pour amener une rupture, suivie de conséquences désastreuses. Les deux extrémités de l'essieu se nomment fusées ; elles sont parfaitement polies, et sans cesse approvisionnées d'huile et de graisse.

On graisse aussi les roues des voitures ordinaires, non-seulement pour qu'elles tournent plus facilement, mais pour que la chaleur développée par le frottement n'y mette pas le feu.

La rapidité avec laquelle tourne l'essieu dans les voitures des chemins de fer rend cette précaution plus indispensable encore ; aussi voit-on souvent introduire de la graisse dans une boîte placée au-dessus de la fusée, et verser de l'huile par une ouverture inférieure pratiquée dans le second compartiment de cette boîte.

L'huile monte au moyen de mèches qui la pompent incessamment, et elle imbibe une brosse sur laquelle tourne la fusée. Mais comme il peut arriver que la chaleur développée par le frottement rende cette huile insuffisante, et que l'essieu soit en danger de se briser, la boîte à graisse communique avec la fusée au moyen de rondelles fusibles que cette grande élévation de température fait fondre. La graisse est alors introduite sur l'essieu, dont elle prévient la rupture.

Les roues sont généralement en fer ; quelquefois elles sont pleines et coulées en fonte ; mais elles reçoivent alors un bandage en fer. Les premières locomotives n'en avaient que quatre ; on en a augmenté le nombre, afin de pouvoir augmenter aussi le poids, et par conséquent la puissance des machines, sans surcharger les rails.

C'est le moment de dire à nos lecteurs que le poids de la locomotive doit être en rapport avec celui des rails; que sur les chemins de fer tout est calculé avec la plus minutieuse exactitude, depuis la quantité de vapeur nécessaire pour faire marcher la machine sur une voie horizontale ou pour la forcer à gravir une rampe, jusqu'à la pente de cette rampe, la courbure inévitable sur certains points du chemin, la forme des roues, la largeur, l'épaisseur, l'intervalle des rails, et que la moindre modification dans le moindre de ces détails pourrait entraîner celle de tout le matériel.

On se ferait difficilement une idée de la minutieuse vérification qui doit être faite par les ingénieurs, avant qu'un chemin de fer, nouvellement créé, puisse être livré à la circulation. L'entretien et les réparations qu'exigent continuellement la voie et le matériel, entretien et réparations dont il faut s'occuper presque aussitôt que l'exploitation commence, ne sont pas l'objet d'une attention moins sévère ni d'une surveillance moins exacte.

Il est même à remarquer que les voies parcourues depuis quelques années nécessitent moins de travaux de réparation que les lignes neuves, dont le sol, souvent rapporté, n'a pas encore eu le temps de s'affermir.

Mais quel que soit l'état de la voie, un personnel nombreux est chargé de l'étudier sans cesse et de réparer au plus tôt les accidents qu'on y constate. Parmi ces employés, les uns sont chargés d'enlever, sur toute l'étendue qui leur est confiée, les objets qui pourraient gêner la circulation, de transmettre les signaux, d'ouvrir et de fermer les barrières, de chasser les bestiaux qui chercheraient à s'introduire sur la voie, d'empêcher les passants de s'y risquer au moment où les trains doivent arriver, d'avertir le chef cantonnier de la rupture des rails ou des moindres déformations qu'ils remarquent sur la ligne.

Les cantonniers, sous la surveillance de leur chef, remplacent les rails, réparent la chaussée, consolident les remblais, avant que de plus graves désordres se produisent et amènent de regrettables accidents.

Les cantonniers ont leurs surveillants, placés eux-mêmes sous les ordres d'un conducteur, qui est en rapport direct avec l'ingénieur, chargé de la direction des travaux, du soin des approvisionnements et du règlement des dépenses relatives à cette partie du service.

Le remplacement partiel des rails, celui des coussinets et des traverses qui les supportent, font que la voie se trouve en un certain nombre d'années presque entièrement renouvelée, sans que les trains qui la parcourent aient cessé de marcher. Il en est de même des machines, dont les divers organes sont remplacés quand il n'est plus possible de les réparer. On prolonge donc indéfiniment la durée de la locomotive ; mais elle finit souvent, quoique ce soit toujours la même, par n'avoir plus ni la chaudière, ni le foyer, ni les cylindres, ni rien de ce qui la composait, quand elle sortait toute brillante des ateliers de construction.

Le soin avec lequel les moindres avaries sont aussitôt réparées contribue à prolonger la durée de chacune des pièces, en même temps qu'il sauvegarde la vie des voyageurs et du mécanicien. Comme celui-ci est le plus exposé, il y va de son intérêt de veiller sans cesse sur la locomotive qui lui est confiée. Il ne néglige donc jamais de voir, avant de se mettre en marche, s'il ne manque rien à sa machine. C'est aussi ce que fait l'homme prudent quand il se charge de conduire un cheval : il s'assure que l'animal a ce qu'il lui faut et qu'on l'a bien attelé. Ne pas prendre cette précaution, ce serait s'exposer à quelque accident; et comme les accidents sont plus à craindre encore avec cet indomptable coursier qu'on appelle une locomotive, la plus grande sollicitude est nécessaire.

Toutefois, comme il peut arriver qu'un cheval s'emporte et que la voiture se brise sans qu'il y ait un reproche à faire à son conducteur, il arrive aussi quelquefois qu'une avarie se déclare pendant la marche d'une locomotive, sans que le mécanicien puisse en être accusé; mais ces avaries sont ordinairement peu graves et ne compromettent pas la sécurité des voyageurs. Le tender est approvisionné d'un certain nombre de pièces de rechange, et le plus souvent le dommage peut être réparé en quelques minutes.

Les cas graves sont rares; les principaux sont l'explosion de la chaudière et la rupture d'un des essieux; encore la chaudière est-elle garantie des explosions par la présence des tubes qui, offrant moins de résistance, cèdent les premiers à l'effort de la vapeur, sans que leur perte puisse avoir de redoutables conséquences. La rupture d'un essieu de la machine est plus à craindre; car elle entraîne le déraillement de la locomotive et des wagons. Le choix du fer employé, le soin apporté à la fabrication rendent cet accident de plus en plus rare; mais il ne peut être entièrement conjuré.

Il est à remarquer cependant que, malgré les suites terribles d'un accident sur les chemins de fer, le nombre des victimes y est beaucoup moins grand que celui qu'on signale sur les routes ordinaires, en tenant compte, bien entendu, de la quantité de voyageurs qui prennent les wagons ou se contentent des anciens modes de transport.

La sécurité devient d'ailleurs de jour en jour plus grande sur les chemins de fer, parce que la qualité des matériaux qui entrent dans les machines est meilleure, que les procédés de construction se perfectionnent, que les mécaniciens sont plus habiles, et que l'on multiplie les signaux qui, de jour et de nuit, se transmettent sur toutes les lignes.

Chaque voie est parcourue par un certain nombre de trains de voyageurs et de marchandises, partant à heures fixes et devant arriver de même. Tout a été calculé pour que ces trains ne se rencontrent pas, et que chacun ne puisse avoir plus de cinq minutes d'avance ou de retard. Mais pour déjouer tous ces calculs, il suffit de la rupture d'un rail, des dégâts causés par un orage, d'un obstacle placé en travers de la voie, de la chute d'une grande quantité de neige, d'une réparation à faire à la machine.

Il peut arriver encore qu'une locomotive de secours soit demandée et parcoure la voie au moment où un autre train doit passer. Si ces cas n'étaient pas signalés, que résulterait-il de la rencontre de deux convois, dont l'un stationnerait forcément sur les rails, pendant que l'autre accourrait à toute vitesse? On peut se le figurer, et il nous paraît inutile d'insister sur la nécessité des signaux d'avertissement.

Tous ceux qui ont voyagé en chemin de fer ont vu des hommes de service tenant à la main un petit drapeau, tantôt roulé, tantôt déployé. Le drapeau roulé signifie : « Allez, la voie est libre. »

Le drapeau déployé est vert ou rouge. S'il est vert, il dit au mécanicien : « Marchez lentement jusqu'à nouvel ordre. »

Si le drapeau déployé est rouge, il crie : « Arrêtez aussitôt que vous le pourrez : l'obstacle n'est pas loin. »

La nuit, le drapeau, qui ne pourrait être aperçu, est remplacé par une lanterne, que tiennent les gardiens. Si la lanterne est blanche, on peut marcher hardiment; si elle est verte, il faut n'avancer qu'avec précaution; si elle est rouge, on ne saurait s'arrêter trop tôt.

Dans un cas pressant, si le gardien n'a pas le temps de courir à son drapeau, il doit agiter vivement un objet quelconque ou lever les bras en l'air pour indiquer que la voie n'est pas libre; et s'il vient, la nuit, de reconnaître quelque obstacle à l'aide d'une lanterne ordinaire, il doit, à défaut des lanternes de couleur qu'il a laissées dans sa guérite, se servir de celle-là en l'agitant pour signaler un danger.

Ni la pluie, ni la neige, ni le vent, ni l'orage, ne peuvent dispenser les gardiens d'être sur la voie quand un train va passer; la plus grande exactitude est de rigueur; car l'absence de ces vivants indicateurs jetterait le mécanicien dans un embarras sérieux, et pourrait amener des accidents, soit qu'il continuât ou qu'il ralentît sa marche.

On donne le nom de signaux fixes à ceux qui sont placés en avant de toutes les stations, des bifurcations, des tunnels, etc. Ils consistent en une colonne en bois ou en fonte, qui porte un disque mobile peint en rouge d'un côté. Si le disque pré-

sente sa face rouge au train qui s'avance, il ordonne l'arrêt. Pour la nuit, une lanterne blanche placée en avant du disque signifie que la voie est libre; si elle ne l'est pas, un trou circulaire ménagé dans le disque vient se placer devant cette lanterne; et comme le trou est fermé par un verre rouge, il donne cette couleur au feu de la lanterne. Un fil de fer qui court le long de la voie transmet le mouvement au disque, lorsqu'il y a quelque obstacle à signaler. Quand il n'y en a point, toute manœuvre est inutile; le disque se présente de champ pendant le jour, et la lanterne fixée à la colonne montre sa lumière blanche pendant la nuit.

En même temps que la lanterne rouge commande l'arrêt, les trembleurs électriques font entendre une petite sonnerie qui confirme ce signal, en annonçant que la station est occupée par un train dont il faut attendre le départ.

Des pétards placés sur les rails de manière à ce que les roues de la locomotive les fassent éclater, avertissent aussi le mécanicien qu'un obstacle vient de surgir devant lui, et qu'il ne doit s'avancer qu'avec une extrême prudence. Ces pétards remplacent aussi les autres signaux, quand le brouillard est trop épais pour permettre de les apercevoir.

Les sons de trompe annoncent l'approche des trains ; ces sons répétés et prolongés réclament du secours. Mais le plus souvent le télégraphe électrique, une des plus admirables inventions que l'homme ait jamais faites, se charge de la transmission instantanée des demandes de secours.

Il indique aussi le nombre des trains qui parcourent la voie, dans un sens et dans l'autre, l'heure précise de leur arrivée, le retard qu'a subi leur marche, les accidents qui sont arrivés ou qui menacent d'arriver, et les précautions à prendre pour les conjurer.

Grâce au télégraphe électrique dont les fils courent le long de toutes nos voies ferrées, plus d'une rencontre funeste a pu être évitée, et maintes fois des locomotives de rechange ou de renfort ont été expédiées à des trains en détresse, sans que les voyageurs se soient doutés du danger qu'ils couraient.

Le télégraphe n'est pas moins utile pour rassurer les familles sur l'absence d'un de leurs membres qui n'a pu regagner sa place avant le départ d'un train, ou qui, dormant d'un profond sommeil, s'est laissé emmener loin de la station où il devait descendre. Il sert à la réclamation des colis égarés, et il vient en aide à la justice en signalant, avec une rapidité plus grande encore que celle de la locomotive, la prochaine arrivée d'un voleur, d'un assassin, qui se croit sauvé parce qu'il a réussi à prendre place dans un wagon. Avant qu'il en descende, son signalement est donné, et il trouve, en mettant pied à terre, les gendarmes qu'il a voulu fuir.

X.

Divers genres de Locomotives.

Toute locomotive se compose des organes essentiels que nous avons décrits : la chaudière, avec son foyer et sa cheminée ; le mécanisme moteur, agissant sur les roues au moyen du va-et-vient des pistons dans les cylindres ; enfin le cadre ou chariot, qui porte la chaudière et le mécanisme. Mais ces parties constitutives reçoivent plus ou moins de développement et se modifient de manière à faire distinguer plusieurs sortes de locomotives. On les a classées en trois catégories, d'après le service auquel on les destine.

Il y a des machines exclusivement réservées au transport des voyageurs, d'autres qui ne servent qu'à celui des marchandises, et une troisième classe qui, participant aux qualités des deux premières, peut servir, alternativement ou tout à la fois, au transport des voyageurs ou des marchandises.

La rapidité de la marche est le caractère distinctif des machines à voyageurs. Leur vitesse ordinaire est de quarante kilomètres à l'heure ; mais elle peut aller jusqu'au double et même au delà. Plus la charge que la locomotive doit remorquer est grande, moins sa course est rapide ; et l'on compte que celle qui traîne quinze wagons en faisant quarante kilomètres à l'heure, n'en pourrait conduire que sept ou huit s'il était nécessaire qu'elle parcourût cent kilomètres dans le même espace de temps.

Le caractère distinctif de ces machines consiste dans le grand diamètre de leurs roues et dans le peu de longueur de leurs cylindres. Le piston, n'ayant que peu d'espace à parcourir, n'a pas besoin, pour communiquer aux roues un mouvement très-rapide, d'être animé lui-même d'une vitesse dont l'excès fatiguerait en peu de temps la machine; et comme le nombre des tours de roue correspond au va-et-vient du piston, il est clair que plus ces roues sont hautes, plus elles dévorent d'espace dans chacun de ces tours.

Jusqu'en 1851, on n'avait pas osé augmenter beaucoup le diamètre des roues, parce qu'on plaçait l'essieu des roues motrices sous la chaudière, et qu'on craignait, en élevant trop le corps cylindrique, de compromettre l'équilibre de la machine. Un ingénieur anglais, M. Crampton, résolut cette difficulté en reléguant les roues motrices à l'arrière de la machine, au delà du foyer, et en donnant au chariot deux autres paires de roues, placées l'une sous le milieu de la chaudière, l'autre un peu en arrière de la boîte à fumée.

Dans ces machines, auxquelles on a donné le nom de locomotives Crampton, le foyer est très-grand, la surface de chauffe très-développée, et le dôme de prise de vapeur est supprimé. La locomotive Crampton est principalement en usage en France pour les trains express, sur les lignes de l'Est et du Nord.

L'année même où parurent ces rapides machines, le gouvernement autrichien offrit un prix au constructeur qui parviendrait à donner à la locomotive la puissance de remorquer de très-lourds convois sur une rampe longue et rapide, qu'il avait été impossible d'éviter lors de la création du chemin de fer qui relie Trieste à Vienne, et qu'on appelle la rampe du Sommering.

Une locomotive sortie des ateliers Maffei, à Munich, sembla réaliser les conditions du programme, et les réalisa complétement, après qu'elle eut été perfectionnée par M. Engerth.

Dans les machines Engerth, ce qui frappe d'abord les yeux, c'est la réunion du tender et de la locomotive. Le châssis du tender vient s'appuyer sur celui de la machine et soutient le foyer, dont les dimensions sont énormes. La chaudière est aussi très-développée, parce qu'une vaste surface de chauffe est nécessaire à la production d'une force motrice assez puissante pour remorquer de lourds convois. Les cylindres sont grands, et les pistons agissent sur les roues au moyen de leviers dont la longueur augmente la puissance. Ces roues sont de petit diamètre ; car on ne demande pas que chaque tour de roue fasse avancer beaucoup le convoi, mais qu'il avance lentement et sûrement, quelle que soit la charge dont il se compose. Aussi ces machines peuvent traîner de quarante à quarante-cinq wagons, sur les chemins où les rampes n'excèdent pas les proportions généralement adoptées.

La vitesse des machines Engerth ne dépasse guère trente kilomètres à l'heure. Ce n'est pas la moitié de la rapidité ordinaire des machines Crampton ; mais les unes et les autres s'acquittent également bien du service qu'elles ont à faire.

Les machines mixtes, dont la vitesse varie entre

trente-cinq et cinquante kilomètres à l'heure, tiennent le milieu entre ces deux types extrêmes, par le diamètre de leurs roues et la longueur de leurs cylindres. Elles réunissent des conditions de force et de rapidité suffisantes, et fonctionnent, avec certaines modifications, sur la plupart des chemins de fer français ou étrangers.

On emploie les machines mixtes à remorquer les trains dont les voyageurs sont nombreux, ou les trains composés de voyageurs et de marchandises.

Les machines employées au service des gares ou de la banlieue des grandes villes, sont des machines Engerth simplifiées. Elles n'ont pas de tender; mais elles portent elles-mêmes leur provision d'eau et de coke, sous la chaudière et de chaque côté du foyer.

Quelle est la plus puissante, nous demandera-t-on peut-être, de la machine qui entraîne avec une rapidité prodigieuse les voitures du train-express, ou de celle qui remorque à petite vitesse une longue file de wagons pesamment chargés? Nous trouvons la réponse dans l'intéressant ouvrage que nous avons déjà cité :

« Quand le poids du mobile et la vitesse varient en même temps d'une façon quelconque, la puissance motrice est constamment proportionnelle au produit de la multiplication du poids par la vitesse.

« Ainsi, les puissances de deux machines peuvent être regardées comme égales, non-seulement quand, appliquées à deux trains dans les mêmes circonstances, elles impriment à leurs masses des vitesses égales, mais encore si, appliquées à deux trains de poids différents, les vitesses différentes sont telles, qu'il y ait égalité entre les deux produits des poids par la vitesse.

« Exemple : une locomotive Crampton remorque un train de 40 tonnes avec une vitesse de 56 kilomètre à l'heure, et une locomotive à marchandises, dans les mêmes circonstances, remorque un train de 64 tonnes avec une vitesse de

35 kilomètres. Multiplions 40 par 56 : produit 2240. De même 64 par 35 : produit 2240. Concluons de là que les deux machines développent en ce moment la même puissance, bien qu'elles la manifestent par des résultats fort différents. »

Il est encore à remarquer que la même machine, traînant la même charge, marchera plus vite sur un plan horizontal que si elle gravit une rampe, et que plus cette rampe sera prononcée, plus la rapidité de la course diminuera, la même force étant déployée.

C'est ce qu'on observe sur les routes ordinaires : le cheval qui peut, sans effort, traîner une charge à plat chemin, se fatigue beaucoup lorsqu'il monte une côte; et de quelque bonne volonté qu'il fasse preuve, il est obligé de ralentir son allure, parce que la pesanteur de la charge tire en arrière la voiture que lui-même tire en avant. Cela est si vrai, que, s'il s'arrête pour reprendre haleine, son conducteur a soin de placer sous les roues de derrière une pierre qui les retienne, et soulage de ce poids le pauvre animal.

Quand il faut descendre, le contraire arrive : la pesanteur précipite la course de la voiture; le cheval n'a plus rien à tirer; il doit se borner à retenir la charge; et si la pente est rapide, il a besoin, pour y réussir, que les roues soient enrayées de manière à frotter seulement sur le sol, au lieu d'y tourner. Dans l'un comme dans l'autre cas, la vigueur et l'instinct du cheval lui permettent de surmonter les difficultés; mais sur les chemins de fer, les choses ne se passent pas ainsi.

Tant que la voie est horizontale, le poids de la machine est suffisant pour que les roues adhèrent aux rails, et ne soient point exposées à tourner sur place sans faire avancer le train; mais s'il y a une rampe à gravir, le poids des wagons lutte contre la puissance de la vapeur; et les roues, n'ayant plus la même adhérence sur les rails, tourneraient en vain si la rampe était trop inclinée. Le convoi resterait donc en route; peut-être même reculerait-il, au grand péril des voyageurs.

Un autre danger non moins sérieux les menacerait à la descente de cette rampe; la vitesse de la locomotive étant considérablement augmentée par la charge qu'elle remorque, les trains seraient précipités au bas de la pente avec une effrayante rapidité, surtout si le vent se mettait de la partie en prenant le train à l'arrière.

Il est vrai que le mécanicien ferait serrer les freins; mais cette précaution, suffisante pour modérer l'allure de la machine sur une pente légère, deviendrait inutile si cette pente était trop inclinée.

Autrefois les plus fortes rampes ne s'élevaient que d'un demi-centimètre ou cinq millimètres par mètre courant, et on ne les élève pas davantage aujourd'hui, quand on peut, sans de grands inconvénients, se renfermer dans ces limites. Cependant il y a des rampes inclinées de huit à douze millimètres, et celle du Sommering, pour laquelle fut créée la machine Engerth, a de vingt-cinq à trente-cinq millimètres de pente.

Dans les pays de montagnes, la construction d'un chemin de fer présentant des difficultés presque insurmontables, on est quelquefois obligé de passer par-dessus les règles de la prudence ; mais toutes les fois qu'il est possible de ne pas les enfreindre, on s'y conforme d'autant plus facilement, que l'on a reconnu qu'en allongeant le parcours de la voie pour éviter de trop brusques rampes, on réalise sur l'exploitation du chemin des économies qui compensent bientôt les frais de premier établissement. En effet, pour gravir les rampes trop prononcées, il faut des machines de renfort, un personnel plus nombreux, et les rails ont besoin d'être bien plus souvent renouvelés.

Le chemin de fer qui offrirait les meilleures conditions d'économie et de sécurité serait un chemin parfaitement horizontal, qui suivrait inflexiblement la ligne droite du point de départ au point d'arrivée. Mais les accidents du sol, les montagnes, les vallées, les rivières, les grandes routes obligent à modifier ce tracé idéal, à substituer la ligne courbe à la ligne droite pour tourner les obstacles, et les pentes légèrement inclinées à la surface plane pour épargner des travaux d'art longs à construire et toujours dispendieux.

Les courbes ne doivent pas, plus que les rampes, être trop prononcées, si l'on veut éviter les déraillements. Nos jeunes amis le comprendront sans peine, s'ils se rappellent que les roues de la locomotive tournent avec leur essieu, et ne peuvent accomplir aucun mouvement qui les rende indépendantes l'une de l'autre, ne fût-ce que pour un instant. Elles conservent toujours entre elles la même distance et font un nombre égal de tours, tandis que les roues des voitures ordinaires n'étant pas liées à l'essieu, autour duquel elles se meuvent librement, celle de ces roues qui, dans une courbe, a plus de chemin à parcourir que l'autre, peut faire sans inconvénient quelques tours de plus dans le même espace de temps.

Puisqu'il en est autrement sur les chemins de fer, on est obligé de ne donner que des courbes très-adoucies et presque insensibles, surtout si la voie courbe est en même temps inclinée ; ce qui compromettrait doublement la durée du matériel et la sécurité des voyageurs.

L'obligation de limiter les courbes et les pentes, la nécessité non moins impérieuse de franchir les fleuves, les rivières, et de laisser libres les routes, les chemins, les rues des villages que le chemin de fer traverse, forcent les ingénieurs à creuser des souterrains auxquels on a conservé leur nom anglais de tunnels, à construire des ponts et des viaducs, qui sont de véritables objets d'art, et qui, sur un grand nombre de points, donnent à la physionomie un peu monotone du chemin de fer un aspect aussi gracieux qu'imposant.

C'est en abaissant certaines parties du sol, c'est en exhaussant les autres, ou pour nous servir des termes usités, c'est au moyen des déblais et des remblais qu'on égalise le terrain sur lequel doivent être placés les rails d'un chemin de fer. Toutes les fois que les terres enlevées d'un point trop élevé peuvent être employées sans trop grands frais de transport à remplir les excavations d'un autre point, on adopte ce système de compensation, à moins que la nature des terres ne permette pas de les utiliser.

Quand la profondeur de la tranchée qu'il faudrait ouvrir pour donner passage à la voie ferrée est trop grande, ou quand il faut que cette voie traverse une montagne, faute de pouvoir la franchir ou la tourner, on la perce d'outre en outre, et l'on en soutient les terres par de solides murailles et par des voûtes en maçonnerie. Cependant il y a de ces souterrains creusés dans des roches assez dures pour que les travaux de maçonnerie soient inutiles.

Les tunnels ne sont pas rares sur les chemins de fer; quelques-uns n'ont qu'une étendue assez restreinte; mais il y en a de fort longs : celui de Blaisy, par exemple, sur la ligne de Paris à Lyon, a plus de quatre kilomètres, et celui de la Nerthe, entre Avignon et Marseille, en a près de cinq.

Quand la locomotive, entraînant une longue file de wagons, s'engouffre dans ces profondeurs, que l'obscurité enveloppe les voyageurs, que les coups de sifflet se prolongent lugubrement sous ces voûtes, et qu'un autre convoi vient à passer, animé d'une vitesse que paraît doubler celle du premier, il est impossible de ne pas éprouver une impression pénible, que le raisonnement ne suffit point à calmer. On est enseveli au sein de la terre, exposé à des périls encore plus grands que ceux qu'on brave volontiers à ciel ouvert; car les voûtes sont surchargées d'énormes masses, et le moindre éboulement causerait d'épouvantables désastres. Puis, au milieu de ces noirs tunnels, le conducteur de la machine verrait-il d'assez loin les obstacles pour ralentir à temps sa marche?

Heureusement le trajet est bientôt parcouru; la lumière du soleil, le bon air des champs sont rendus aux voyageurs, et la gaîté générale revient aussitôt.

Quand la voie ferrée doit unir deux hauteurs entre lesquelles s'étend une vallée, il faut, ou combler cet espace, ou appuyer sur des arches la chaussée destinée à la pose des rails. Si la vallée est profonde, c'est à ce dernier parti qu'on s'arrête. Un ou plusieurs rangs d'arches en maçonnerie s'appuient sur de puissantes piles qui descendent sous le sol, jusqu'à ce qu'elles rencontrent une base dont la solidité ne laisse rien à désirer; aussi arrive-t-il quelquefois que la partie des travaux que nous ne pouvons apercevoir est presque égale à celle dont nous admirons la masse gigantesque.

La difficulté est plus grande encore quand un violent courant d'eau bat les piles sur lesquelles reposent les arches des ponts, et que ces ponts doivent franchir de larges fleuves, comme la Seine, le Rhône ou le Rhin. Souvent la fonte et la maçonnerie s'unissent dans ces travaux, d'où la solidité n'exclut pas l'élégance. Il y a aussi des ponts à treillis et à tablier de fer; il y a des ponts tournants, au moyen desquels la réunion de deux lignes étrangères peut être établie ou supprimée, selon les nécessités de la paix ou de la guerre. Tel est le pont de Kehl, qui relie la France à l'Allemagne.

Enfin, il y a les ponts tubulaires, qui consistent, ainsi que leur nom l'indique, en de vastes tubes métalliques, à l'intérieur desquels les trains circulent comme dans les tunnels. Ces tubes sont formés d'épaisses lames de tôle solidement rivées, et s'appuient sur des piles en maçonnerie.

Le premier pont tubulaire fut jeté par Robert Stephenson sur le détroit qui sépare l'île d'Anglesey des côtes d'Angleterre. Il repose, à son point le plus élevé, sur une tour haute de cinquante mètres, que l'ingénieur anglais fit construire sur un rocher placé au milieu du bras de mer, et il s'appuie de chaque côté du détroit sur une autre tour, d'une hauteur moins considérable. Il n'a pas fallu moins de neuf cent mille kilogrammes de clous pour assembler les feuilles de tôle qui forment ce tuyau, dont la longueur est de cinq cent soixante-seize mètres, et dont la hauteur est de neuf mètres sur une largeur de quatre mètres et demi.

Quand les travaux d'art sont terminés sur une ligne en construction, il faut procéder à la pose de la voie. Nos lecteurs croient peut-être qu'il ne s'agit que de placer les rails sur le sol; mais un peu de réflexion leur fera bientôt reconnaître que les moindres mouvements de terrain causés par le tassement des remblais, par les pluies, par le dégel, suffiraient à déranger ces rails, qui doivent être constamment fixés à des distances égales, sous peine de compromettre l'existence des machines et la vie des voyageurs.

On commence par niveler la chaussée, en ayant soin d'en abaisser légèrement la pente à droite et à gauche, afin que les eaux puissent s'écouler; puis on la recouvre d'une couche de *ballast*, c'est-à-dire de gros sable, de briques ou de pierres écrasées, de menus fragments de houille, en un mot de matières qui laissent facilement passer l'eau des pluies et tiennent à sec les rails et les traverses sur lesquels ils s'appuient.

Les traverses sont des pièces de bois placées sur le ballast, d'un côté à l'autre de la voie, et espacées entre elles de moins d'un mètre. Les rails sont fixés sur les traverses par des pièces de fonte qu'on nomme coussinets, et nulle précaution n'est omise pour qu'ils y soient fixés avec une solidité à toute épreuve. On recouvre les traverses d'une nouvelle couche de ballast, qui les protége. Le ballast a en outre l'avantage de rendre la route plus douce, et les secousses moins désagréables aux voyageurs, moins préjudiciables à la voie et au matériel roulant.

Encore un mot des bifurcations des chemins de fer, et notre tâche sera terminée. Nous avons dit que le mécanicien, par un nombre de coups de sifflet déterminé, indique, avant d'arriver au point où la ligne se bifurque, s'il veut suivre la voie de droite ou celle de gauche. Cet avertissement s'adresse à l'aiguilleur, c'est-à-dire à l'employé chargé de la manœuvre de rails mobiles, auxquels on donne le nom d'aiguilles, parce qu'ils se terminent par une pointe qui va se fixer sous les rails de la voie que le train doit quitter. Ces rails mobiles conduisent les machines et les wagons sur la nouvelle ligne qu'ils doivent parcourir.

Dans les gares, les changements de voie s'opèrent au moyen de plaques tournantes portées sur un pivot en fer. On voit à leur surface des rails, disposés en croix ou en losange, qui servent à relier deux voies opposées. Les machines ou les voitures placées sur ces plaques tournent avec elles, et s'engagent sans difficulté sur la ligne qui leur est assignée.

Les plaques tournantes ont toutefois un grand défaut, c'est de coûter fort cher ; aussi les remplace-t-on souvent par les chariots de service, que nos lecteurs ont pu voir fonctionner dans les gares, quand il est nécessaire de faire passer d'une voie sur l'autre les machines ou les voitures.

Si, dans ce petit ouvrage destiné à donner à nos jeunes amis une idée du rôle important que la vapeur joue parmi nous comme force motrice, nous nous sommes surtout étendu longuement sur la locomotive, la raison en est bien simple : c'est que tout le monde voyage en chemin de fer. Les machines qui fonctionnent dans les ateliers ou sur les bateaux à vapeur n'excitent pas une curiosité aussi générale que ces ardents coursiers, nourris de feu, qui nous entraînent avec une merveilleuse rapidité, ou que nous voyons passer bruyamment devant nous comme des monstres fantastiques, dont les cris stridents déchirent nos oreilles, et qui lancent incessamment vers le ciel leur noir panache de fumée.

Les chemins de fer ont rendu et rendent encore tous les jours les plus grands services à l'industrie, au commerce, à la civilisation ; c'est une des plus merveilleuses et des plus utiles applications de la vapeur. Il est vrai que ce mode de transport, si prompt, si régulier, si admirable, n'est ni sans inconvénients ni sans dangers ; mais c'est le sort de toutes les choses de ce monde ; et comme on s'occupe sans cesse de le perfectionner, nous pouvons supposer, en jetant un coup d'œil sur les progrès déjà réalisés, que ceux qu'il est permis de désirer seront un jour accomplis.

FIN.

TABLE.

PAGES.

Introduction. 7

I. — Essais sur la puissance de la vapeur. — Denis Papin. . 13

II. — Premières machines à vapeur. — Savery. — Newcomen. — James Watt. 34

III. — Machines à haute pression. — Olivier Ewans. — Machines agricoles. 57

IV. — La navigation par la vapeur. — Claude de Jouffroy. . 81

V. — Robert Fulton. 101

VI. — L'hélice. — Charles Dallery. — Frédéric Sauvage. . 121

VII. — La traction par la vapeur. — Georges Stephenson. — Marc Séguin. 143

VIII. — La Locomotive. 169

IX. — Les Chemins de fer. 195

X. — Divers genres de Locomotives. 217

FIN DE LA TABLE.

ROUEN. — Imp. MÉGARD et Ce, rue Saint-Hilaire, 136.

www.ingramcontent.com/pod-product-compliance
Ingram Content Group UK Ltd.
Pitfield, Milton Keynes, MK11 3LW, UK
UKHW021924230726
13925UKWH00007B/488

9 782013 684811